图解 **住宅尺寸与格局设计**

基于日常生活考虑的设计要点

日本建筑协会 策划
[日]堀野和人 黑田吏香 著
任国亮 丁鼎 译

华中科技大学出版社
http://www.hustp.com
中国·武汉

序　言

　　来自客户、事务所的房屋设计委托，大多要求起居室和餐厅大小约为 32 m²，主卧大小约为 16 m²（附带专用卫生间），和室（传统的日式房间）大小为 10 m²，以及其他形式的房间和面积要求。很多设计师对客户在房间中的生活和所希望进行的室内活动不甚了解，即使他们为了实现设计目标而绞尽脑汁完成设计，但是对客户而言，这会是令人满意的居住空间吗？

　　日本人长期以来采取这样的生活方式：家庭成员全都在和室休息、就餐，就寝时直接在榻榻米上铺上被褥。时至今日，随着西方文化的不断影响，日本人也开始在起居室里休息，在餐厅就餐，在卧室就寝了，这样就需要功能划分明确的较多的房间。但是设计时必须要考虑的是：餐厅不仅是就餐的地方，盥洗室也不是仅放置一台洗衣机和洗脸台就能令人满意的空间。

　　此外，浴盆和厨房的大小，与家庭成员数量和住宅面积大小有关，但并非一成不变，如果 99 m² 与 198 m² 住宅的玄关大小相同，那么看起来是非常别扭。不仅要使日常生活没有障碍，还要根据住宅规模保证每个空间的平衡设计，这是非常重要的。

　　本书将住宅划分为 13 个空间，分类整理了各自的空间功能与组成要素，针对空间内的日常生活行为，总结了浅显易懂的无障碍空间尺寸。此外，本书还从安全、老年人看护、隐私、通风采光、收纳等视角来考虑尺寸，并针对相关法律中所规定的促进住宅品质的提升、住宅性能评价等方面进行了详细的案例说明。如果本书能够被活用为实现便利生活的尺寸参考书，我将深感荣幸！

目　录

* 本书在图解时，采用了日本常用的符号——"×""△""○"，其中，"×"表示"错误"，"△"表示"不够理想"，"○"表示"完全正确"。

01

玄关、门厅

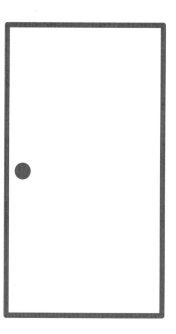

要点

确保待人接物及日常生活行为的必要空间

1 玄关空间的设计要点

- 玄关是首先映入来访客人眼帘的场所。鞋子等要有一定的备用数量,要确保有活动的空间,同时人们希望将玄关打造成简洁清爽的空间。与家庭整体的建筑面积相比,玄关的空间大小应该均衡合理,这是非常重要的。

2 空间构成的特点

- 玄关是由门廊、屋檐、土间(玄关地面)、门厅和收纳空间等各个空间构成的。在进门换鞋的日本文化中,不是由玄关的门而是玄关的地板框形成了室内外的分界线。这个内外过渡的空间需要保护个人隐私、考虑台阶高差的安全、组织安排活动空间等。

3 功能与要素分类

- 玄关中的生活行为与相关物品、空间构成的关系整理如下。

生活行为	相关物品	必要的空间构成
外出、回家	鞋子、包、雨具、立伞架、拖鞋、大衣、钥匙、座椅、扶手	门廊、土间、门厅和收纳空间
接待客人	鞋子、包、雨具、拖鞋、大衣、桌子、椅子	门廊、土间、门厅和收纳空间
收件	印章、行李放置空间、文具	土间、门厅和收纳空间
装饰	装饰画、装饰品、花、搁板	门厅
着装打扮	镜子、鞋拔子、擦鞋用具	土间、门厅和收纳空间
用具保管	婴儿车、轮椅、老人步行辅助车、吸尘器、高尔夫用具、户外用品、园艺用品	土间和收纳空间

玄关的标准平面布置图

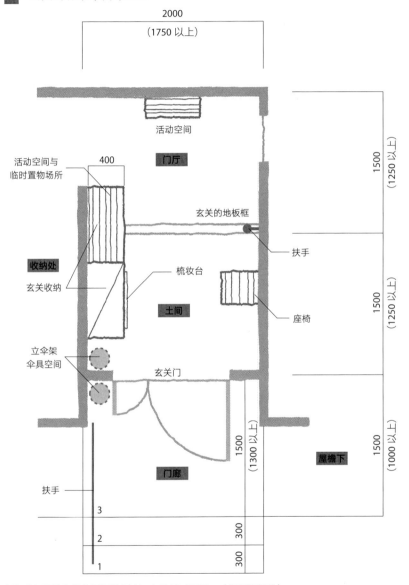

根据房间隔墙与装饰面层的厚度，有效尺寸不同。（各项均通用）

⌂1 两位客人并肩站立的玄关宽度与进深为 2.0 m×1.5 m

必要空间

1 玄关门厅（2.0 m×1.5 m）

- 在门厅的最上层，玄关门可以开关，此处有必要给来访客人留有充裕的驻足空间。宽度，即两位客人可并肩站立的宽度，为 2.0 m（1.75 m 以上）。进深，即开关玄关门有充裕的空间，请多预留 1.5 m（1.25 m 以上）。

- 玄关门廊还应该具有一定的避雨功能。应保证撑开或收起雨伞时毫无障碍，即屋檐下要确保 1.5 m（1.0 m 以上）的尺寸。

2 玄关土间（2.0 m×1.5 m）

- 宽度，可以使两位来访客人并肩站立并向主人寒暄（1.2 m）的尺寸，并留足玄关收纳柜的伸出宽度，总宽度为 2.0 m（1.75 m 以上）。进深，要使行礼（0.9 m）时毫无障碍，请确保有 1.5 m（1.25 m 以上）。

3 玄关门厅（2.0 m×1.5 m）

- 宽度与玄关土间相同。进深方面，要求接待来客时可以穿行通过（0.4 m），比门廊的宽度要多 1.5 m（1.25 m 以上）。

4 收纳（进深约 0.4 m）

- 请确保在玄关土间（门厅）中有 0.4 m 左右的放置玄关收纳家具的空间。根据收纳用品的数量不同，宽度也有所不同（参见"01 玄关、门厅 5-1"）。

- 利用玄关土间的收纳空间，不仅可以收纳鞋子，还可以收纳高尔夫用品和婴儿车等。

▌确保两位客人来访与接待的必要空间（2.0 m×1.5 m）

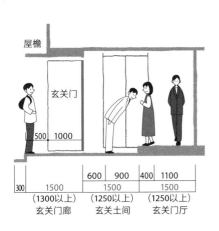

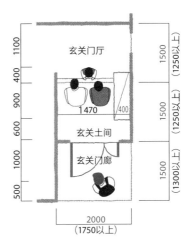

▌场地狭窄的情形

在狭窄的场地及带有辅助玄关的二世同堂的住宅等很难确保场所空间的情况下，可以将土间和门厅的宽度设计为1.5 m，进深设计为1.0 m。玄关地板框的斜向设置，可以使空间看起来更宽敞，还可以起到引导活动路线的作用。

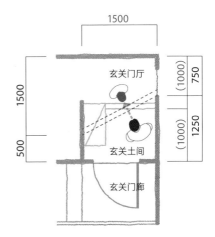

5

🏠2 美观实用的屋檐为进深 1.0 m、高度 2.4 m

屋檐下空间

1 屋檐下的尺寸与功能

● 您在上下车时是否会感觉打开或收起雨伞不方便？同样，如果屋檐下的尺寸过小，在打开玄关门的时候撑着伞就感觉非常不方便了。屋檐下的空间，应确保能够正常打开和收起雨伞，进深为 1.0 m，高度为 2.4 m 以上。如果带有玄关壁龛和屋檐，屋檐下空间进深在 1.5 m 以上，来客就可以在此等待而不会被淋雨。

2 外观方面的考虑

● 如果屋檐下进深感很强，会给人阴影深远的印象。如果仅利用单侧屋檐或阳台下的空间，请注意这样很可能难以与建筑物融为一体，很容易弱化设计效果。

3 玄关门合页

● 在考虑门合页的安装时，请优先考虑进门的方便程度。如果安装在左侧和右侧都可以，就请安装在右侧吧！

如果玄关门位于建筑物的入口转角，请把门合页安装在入口转角一侧，这样当开启玄关门时，就减少了空间上的压迫感。

4 玄关照明的高度大约为 2.0 m

● 如果是采用壁灯进行照明，请将其设置在门廊高度 +2.0 m 处，以使开启玄关门的时候，地面上没有阴影。如果是在屋檐下安装灯具，请不要影响门扇的安装。另外，光照强度要能够使人看清钥匙孔和找到包中的钥匙，请将照度设置在 30 lx（勒克斯）左右。

▋ 屋檐下空间的功能与外观考虑

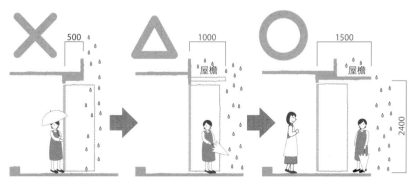

屋檐进深 0.5 m
无法撑着伞开关玄关门。
玄关功能弱化。

屋檐进深 1.0 m
在外面可以打开和收起
雨伞。风雨也很难吹入，
但缺乏与建筑物融为一
体的感觉。

屋檐进深 1.5 m
增强了屋檐与建筑物的
整体感，外观漂亮。来访
客人在等待时也不需要
打伞。

▋ 玄关门、照明与入口通道之间的关系

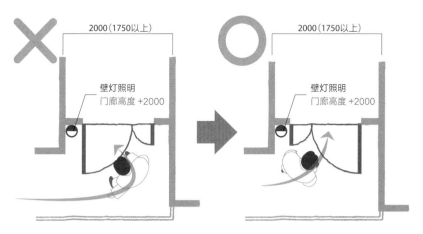

从门口进出不是很方便，有压迫感。以此图
为例表明了照明变成阴影的位置。

此图设计完全符合建筑物的形状与入口
通道要求，门及照明都布局恰当。

⌂3 预防事故的门廊台阶高差为 150 mm

考虑到安全性与老年人

1 门廊的台阶高差以 150 mm 为基准

- 考虑到穿鞋、地面湿滑,以及老年人来访的情况,请将台阶的踢面以 150 mm、踏面以 3000 mm 为基准。门厅的台阶通常高 400 mm,分为三级台阶。应安装照明灯具,以便行走时容易看清台阶高差,而且在踢面边缘设置防滑条可提高安全性。如果同时采用斜坡,请确保坡度小于 1/7。如果是用轮椅行走,请确保坡度小于 1/20。

2 玄关门外的地面高差为 20 mm,内侧的为 5 mm 以内

- 门廊地面与玄关门槛的高差在 20 mm 以内,玄关门槛与玄关土间的高差在 5 mm 以内。
- 玄关门内外的高差导致跌倒事故时有发生,这是因为:一是自以为没有室内外高差;二是一边开门,一边注意室内外高差。在设计时,请同时关注这两个方面。由于来访者并不熟悉环境,所以,此处为事故高发场所。

3 玄关框的高差在 180 mm 以内

- 请确保高差在 180 mm 以内。如果设置台阶,则应符合其他相关规定。

4 土间饰面材料的考虑

- 请不要过多选用耐磨性和抗滑性较差的石材与地砖。请选用抗滑系数(CSR)在 0.4 以上的地板材料。另外,为了使玄关门廊与土间设计风格统一,请使用同种饰面材料。

适合的高差示例

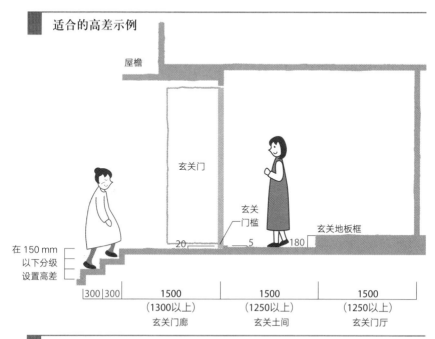

屋檐

玄关门

玄关
门槛

玄关地板框

在 150 mm
以下分级
设置高差

20　　　5　　180

300 300　　1500　　　　1500　　　　1500
　　　（1300以上）　（1250以上）　（1250以上）
　　　玄关门廊　　　玄关土间　　　玄关门厅

由玄关高差引起的危险与对策

危险的玄关高差示例　　　　　**玄关门廊处的台阶示例**

扶手

踏面
300

照明　　　　　踢面
　　　　　　　150　　800

饰面颜
色变化

玄关门室内外高差引发的危险示例。与玄关一样，请将屋外门内外两侧的地面设计成无高差结构。

为了便于发现台阶高差，可以改变台阶棱角的颜色，并配备照明。可以辨别台阶高差的照明照度是 5 lx。

5 扶手高度

- 在玄关门廊处，至少要设置单侧的连续水平扶手，高度以 800 mm 为基准。

- 在玄关地板框的上方，为了方便上下或换鞋，请设置扶手。如果是纵向扶手，其下端高度为 FL+750 mm，纵向长度为 600 mm 以上。如果是水平扶手，以 FL+750 mm 为基准。如果考虑采用多用途设计，可以使扶手从地板一直延伸到天花板，这样谁都可以方便使用。

- 即便是现在不必安装扶手栏杆之类的场所，也要充分考虑将来增设的需要，打下牢固的墙体或地面基础。

6 玄关的门宽以 800 mm 为基准

- 为了方便有效通行，请确保玄关门的宽度为 800 mm（750 mm 以上）。

- 门窗生产商的调查显示，采用平开门的约占 90%。本书即是以平开门为基准的。平开门和推拉门（滑门）有各自的特点：平开门，即便门口狭窄也能够安装，并且在气密性、隔热性、防范性、设计变化方面都很有优势。推拉门（滑门），在开关门的时候不需要移动身体，非常适合老年人。即便玄关门廊狭长也可以安装，可以采用富于变化的日式设计。

7 考虑设计的安全性

- 由于玄关的门厅集中了各种日常活动，从防止家庭室内事故发生的角度来看，在规划时应尽量避免活动路线的交叉。需要特别注意的是台阶的设置，以及其周边门窗开启的方便程度。

扶手的尺寸设置（玄关地板框高差）

标准纵向扶手

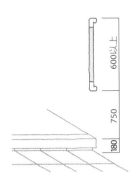

多用途纵向扶手

多用途纵向扶手的高度最好老少皆宜。

动线集中的玄关门厅实例

以门厅为中心，动线呈现放射状扩展的例子。在狭小的住宅内部，活动路线反而集中，有时候虽然会在门廊下设计短距离的有效活动路线，但是也要尽可能地考虑这种情况的安全性。

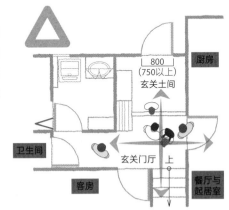

4 好用的座椅高度为玄关土间 +500 mm

考虑到功能

1 玄关土间的宽度在 2.0 m 以上时，应安装玄关座椅

- 如果在玄关安装座椅，姑且不论为老年人和来访客人提供方便，就连平时脱鞋子都变得更方便了。

- 如果设置了座椅，玄关土间的空间就会变得狭窄。因此，地面宽度最少要设计成 2.0 m（推荐 2.25 m）的尺寸。如果宽度只有 1.75 m，采用折叠式的座椅也是可以的。

- 为了方便站立和坐下，座椅高度的设计基准为玄关土间＋ 500 mm（玄关门厅＋ 320 mm）。另外，为了方便从座椅起身时抓握扶手，可以将纵向扶手安装在距离座椅约 400 mm 的位置。

2 穿衣镜的高度为 1.8 m

- 为了方便确认穿鞋后的妆容，可以在玄关安装穿衣镜（以玄关土间地板＋ 1.8 m 处为最顶端）。有时候，也可以在玄关收纳门上安装穿衣镜。

3 立伞架（角落 300 mm 宽）

- 立伞架的空间，确保以 300 mm×300 mm 的大小为基准。

4 玄关土间的灵活运用

- 玄关土间如果不用来换鞋，可以用作收纳婴儿车、老年代步车等的玄关收纳空间，或者存放户外用品和画具等的趣味空间，也可以活用为宠物空间，还可以用作接待来访客人的玄关客厅。

玄关座椅（装饰类型）与扶手的尺寸设置

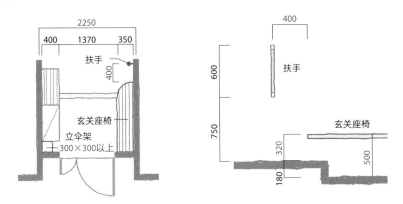

如果在玄关处安装座椅，整体装饰性能就会得到提升，但是这时就必须考虑土间的有效宽度变小的问题了。

玄关土间活用实例（3.25 m×3.25 m）

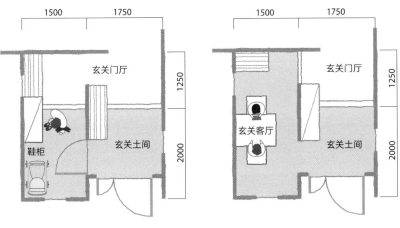

储藏柜（鞋柜）实例图　　　　玄关客厅实例图

⑤ 四口之家的玄关收纳

1 玄关收纳（鞋柜）的进深约为 400 mm

- 请将相同尺码的鞋子分类组合，实现最优化收纳。进深约为 400 mm，宽度根据必需的收纳量有很大不同。

2 收纳物品与必需的收纳容量

- 对于四口之家，鞋子应以 50 双（女性 20 双、男性 13 双、儿童 7×2 双）为基准。800 mm 宽的高鞋柜大约可以收纳 56 双鞋子，但是请注意，如果礼服鞋等平时不常穿的鞋子，如体积较大的靴子、长筒皮靴较多，这种大小的收纳空间是不够用的。
- 拖鞋，包括客用拖鞋，要储备比家庭成员人数多 5 双的量。如果夏季和冬季的拖鞋不一样，也可以在收纳时将其分开存放。
- 伞具可以分为雨伞和遮阳伞，储备数量应比家庭成员人数多一些。可以在玄关收纳处挂起来，也可以放在伞架上（角落宽度在 300 mm 以上）。
- 有时还要收纳其他的衣物（大衣等）、玩具等。

3 安装场所

- 请将其安装在在玄关土间与门厅都方便使用的位置。请注意，如果将高脚柜安装在玄关门固定的一侧，从玄关进入时，容易有压迫感。

4 门厅中必要的收纳空间

- 如果是在同一层共同使用的物品，请确保将该收纳空间设置在靠近玄关的位置。吸尘器、旧报纸所占用的空间宽度大约是 500 mm；悬挂大衣时所需要的进深约为 750 mm，宽度在 1.0 m 以上。

鞋子收纳数量基准

如果没有土间收纳和门厅收纳，仅靠 800 mm 宽的高脚柜是不够的。可以增添柜子进行收纳，如果能采用宽度为 1200 mm 的高脚柜更好。

类型	柜子		吊柜		高脚柜		
宽度 /mm	400	800	400	800	400	800	1200
鞋 / 双	10	20	6	12	28	56	84

玄关收纳柜的安装场所

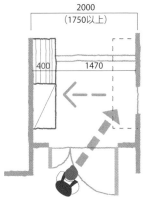

将收纳柜安装在玄关门打开的一侧，减轻压迫感的实例。

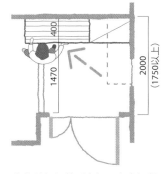

将收纳柜调整到在门厅和土间都可以使用的位置。

门厅收纳

需要收纳的用品有工具、清洁用具、旧报纸、防灾用具、周末木工用具等。根据不同的使用需要，可以将其放在柜子的搁板上或悬挂起来，这样使用起来非常方便。

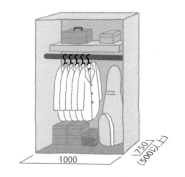

6 放花瓶的装饰空间进深在 400 mm 以上

装饰空间与居家隐私

1 装饰空间的布置

- 在从玄关土间目所能及的范围内，都可以设计装饰空间。虽然理想的布置是正对着玄关门，但是在无法确保的情况下，请将玄关收纳柜作为装饰空间的一部分，进行灵活布置。

2 装饰方法与装饰壁龛的进深

- 根据装饰物品（装饰画、摆设、花草等）的不同，所需要的架子宽度与进深各不相同。例如，在采用装饰画装饰时，可以直接将画挂在墙壁上，但是如果将其镶嵌在墙体内壁则更具有装饰效果。装饰性的壁龛进深以 250 mm 为基准，但是如果增大到 400 mm 以上（大约与玄关收纳柜的进深相同），就可以在上面摆放花瓶和装饰物了，实用性大为增强。
- 装饰墙面的设计，要根据居住者的个性选用适合的墙砖或喜欢的墙纸。在照明方面也与此类似。

3 对隐私的考虑

- 考虑到来访客人的视线，要使客人从玄关土间看不到卫生间和盥洗室等隐私空间。如果起居室的门正对外面，那么在开关门的时候，房间的整体情形很容易被看见，因此希望遮挡一下。如果房屋的规划无法改变，请考虑将隐私物品放在壁柜或收纳柜里，或改变门开启的方向。

装饰空间与隐私的考虑

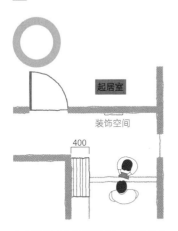

室内门的开启位置避开玄关的装饰空间的实例。

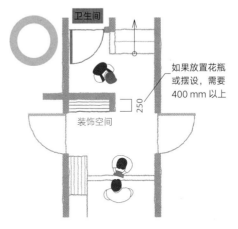

设计兼具装饰作用的墙壁，避免卫生间被直视的实例。

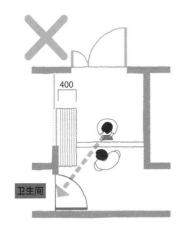

客人从门厅可看到卫生间的实例。

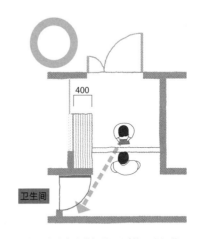

考虑到来访客人的视线，调整卫生间的进深、门开启方向和间壁墙的位置的实例。

🏠7 与起居室相同，确保采光（A/7）和通风（A/2）

1 确保开口部位大小

- 鞋子和雨伞等会携带室外的水分，进入室内后容易形成潮湿的空间，因此，必须设计一处以上的开口部位。根据日本《建筑基准法》，起居室中要确保必要的采光面积（A/7）和通风面积（A/20），其中 A 为地板面积。如果在走廊等连续空间中安装窗户，空气则易于流通。

- 改变玄关收纳的方式（从高柜到低柜）或安装位置（从外墙一侧变为内墙一侧），就易于安装窗户。请预测确认所需的收纳量。

2 有利于通风和采光的玄关门

- 玄关门采用方便通风的样式，或者安装有利于采光和通风的二道门或便门，可以极大改善空气质量。如果能将窗户安装在双向开口通风的位置，效果会更好。

3 在规划设计上下功夫

- 如果想将玄关与外部空间（中庭等）相连，设置通风处或天窗就显得尤为重要。

- 设置天窗时，要考虑将其放在北侧以避开强光。如果设置在南侧，有必要考虑采用遮阳设施或隔热玻璃。天窗的通风、排热效率都比较高，大约是南北向窗户通风量的 4 倍。

- 玄关设置在北侧，光线尤其容易变暗，因此要考虑设置采光和通风处。如果通风口比玄关土间的纵深大（1.5 m 以上），那么门厅的角落也能被照亮。

在规划设计上下功夫

面向中庭设置玄关门厅与起居室的实例。光线充足，整体效果较好。

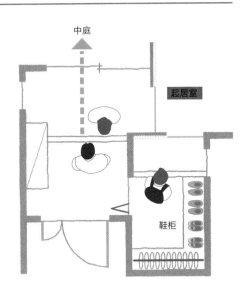

与屋顶下部空间对流通风
天窗的采光、通风效率较高，能够照亮房间里的角角落落。

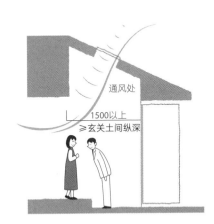

与玄关门厅对流通风
能够照亮整个门厅，空间很有开放感。

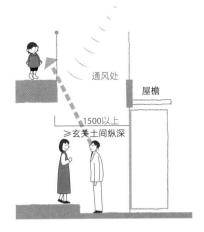

8 插座安装在 FL+400 mm 处，方便插拔

电气设备等

1 照明灯具的选择

● 根据家庭氛围与室内装饰选择合适的灯具。除了主要照明设备以外，同时使用其他壁灯和间接照明等，可提升装饰效果。

● 安装带有人体感应器（或称开关）的灯具就不需要进行人工操作，当搬运东西时，灯具会自动开启，非常方便、节能。玄关灯如果装有人体感应器，还可以起到安全防范的作用。

2 照明灯具的选择

● 为了在待接来客时不在灯光下出现身影，可以将灯具安装在玄关门框上部的门厅中心位置。如果玄关收纳柜比较高，天花板的中心就会发生改变，应结合天花板电路图考虑灯具的位置分配。

● 为了防止天花板的聚光灯间距过大，灯具间隔宜为 250~300 mm，这样天花板显得更美观。

● 开关不仅要控制玄关门厅的灯具，还要控制室外灯具及走廊灯具。可以根据不同目的，安装三相开关或防止忘关的辅助开关等。

3 安装插座

● 考虑到空间的外观，请将插座安装在从玄关土间看不到的位置。装饰插座也要放在可以被物品遮挡起来的位置。

● 根据种类的不同，有的吸尘器长达 4 m，请将专用插座安装在可以被遮挡的走廊下或房间角落里。

电气设备安装实例

标准的开关高度为 FL+1200 mm，插座高度是 FL+250 mm。在通用化设计中，方便儿童和老年人使用的开关高度为 FL+1000 mm；插座应让普通人士以及使用轮椅的人士都能够轻松使用，高度请以 FL+400 mm 为基准。

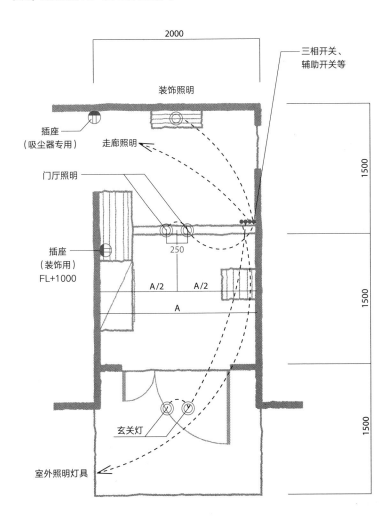

专栏 玄关与赏花的关系

日本有着世间少见的进门换鞋文化。

您知道吗？日本人进门脱鞋、换鞋，在潜意识中已经有了家庭内外的分别。

例如，我们常常听到"就在玄关门口可以吗"？

玄关位于门廊的尽头，有时候指的是玄关土间，通常以此为界限来判别进到家里的人和外面的人。玄关门区域也是家庭以外的部分，称为玄关土间。

有时候人们会邀请来客进入室内。是否能够脱鞋入室，可能与你的工作成败密切相关。

下面我们谈谈赏花的话题。

赏花指的是在樱花树下漫步。虽然家人打开便当，与朋友们谈笑风生很开心，但是在上到野餐垫上时，鞋子又要怎么处理呢？

一边打招呼说"打扰了"，一边准备脱鞋。

脱鞋是在家里做的事情。野餐垫上就是"要拜访的人的家"。在天空下，就这样将空间分成了内外两部分。

02

楼　梯

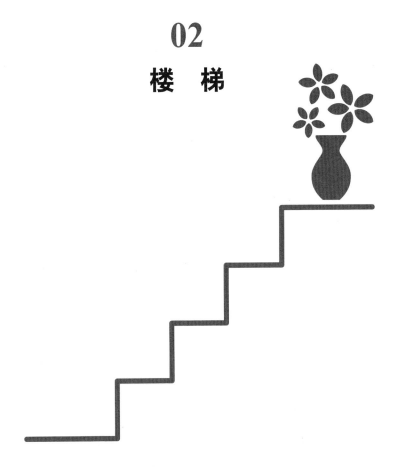

要点

确保安全性与使用的方便性

1 楼梯的设计要点

● 楼梯是发生家庭内部事故可能性非常高的场所。请设想一下：随着年龄的增长，体能下降；家人经常抱着洗涤物品或重物上下楼梯。因此，在规划时，应从便于使用和高度安全方面考虑设计和尺寸。

2 功能与要素分类

● 一楼有 LDK（起居室、餐厅、厨房一体化空间）及其他需要用水的房间，二楼有标准布局的卧室，让我们从楼梯的使用场景和生活方式来思考一下。

　　一楼→二楼：就寝、学习、换衣等

　　二楼→一楼：外出、吃饭、洗脸、洗澡等

　　往返：家务（晾晒洗涤物品、整理床铺、打扫卫生）

● 家庭内部事故的种类与情形

楼梯事故主要有：人与人之间的碰撞、开门时的碰撞、绊倒、摔倒、跌落。此外，在使用楼梯频繁地上班、上学时，幼儿和老人上下楼梯时，抱着孩子或重物看不清脚下时，都容易发生楼梯事故。

3 楼梯形状的表示符号

● 为了方便大家了解楼梯的形状，在本书中采用英文字母来标识楼梯的外形，例如，直行楼梯被称为"I"形；转角楼梯根据长边的不同被称为"U"形和"J"形（上转角、下转角）；转角是直角的楼梯被称为"L"形（上转角、中转角、下转角）及"C"形。如果楼梯形状复杂、楼梯平台设置不当，发生事故的可能性会增大，并且随着年龄的增长，上下楼梯的负担会日益增大，因此在设计时，要尽量采用形状简单的楼梯将上下层连接起来。

楼梯形状的示例图

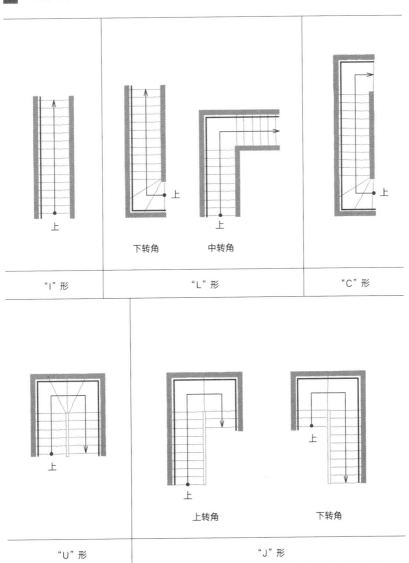

下转角　　　　中转角

上

"I"形　　　　　　　　　"L"形　　　　　　　　　"C"形

上转角　　　　　　下转角

"U"形　　　　　　　　　　　　"J"形

1 下楼梯时，最低一级台阶与天花板的距离是 2.1 m

必要空间

1 平面尺寸的计算方法

- 在计算楼梯的平面尺寸时，注意将楼梯高度、楼梯形状、有无楼梯平台、台阶踢面与踏面的尺寸综合起来考虑。

- 楼梯高 3.0 m，一层的天井高 2.5 m，因此采用"U"形楼梯，每级台阶的踢面高 200 mm，宽 220 mm，让我们研究一下其平面尺寸（参见右页图）。楼梯板可以分为 14 段（3.0 m/0.2 m － 1=14），除去中间的 4 段休息平台，还有 10 段，两边各分 5 段。如果休息平台宽 1.0 m，那么就需要进深为 2.1 m（=1.0 m+0.22 m×5）、宽度为 2.0 m（=1.0 m×2）的空间。

- 如果是"I"形楼梯，中间就要设置休息平台，根据日本的《建筑基准法》，至少需要预留 1.2 m 的长度。请务必注意，当楼梯的总高度超过 4 m 时，完全有必要在中间设置休息平台。

- 上下楼梯的出入口是走廊（门厅）与楼梯连接处，应预留 1.0 m×1.0 m 以上的空间。为了防止发生危险，此处不应设置可以开启的门（参见"02 楼梯 4-2"）。

2 剖面尺寸的考虑方法

- 在楼梯上上下时，要了解头顶上方（第一层天井）无碍使用的剖面尺寸。在上楼梯时往往没有察觉，而在下楼梯时，因为身体向前倾斜，这时天花板便映入眼帘，让人产生危险感。例如，梯段板正上方距天花板只有 1.8 m，而上一级台阶距离天花板只有 1.6 m，这时人们就会下意识地低头，以防撞上梯段板。因此，请确保梯段板上方有 2.0 m 以上（推荐 2.1 m 以上）的空间。

必需的平面尺寸实例（15 段，踏面宽 220 mm）

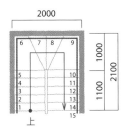

"U"形楼梯
进深紧凑，在中间设置了休息平台，降低了跌落风险。楼梯下方空间不高，可用作收纳空间。

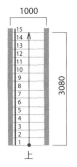

"I"形楼梯
没有转角，使用起来很安全，但是一旦跌落，中间连停下来的地方都没有。这样容易节省空间。

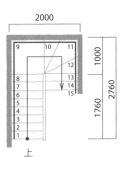

"J"形楼梯
在休息平台的平坦区域中分段会更安全。楼梯下方的空间可以用作卫生间。

必需的平面尺寸实例

请确保梯段板上方有 2.0 m 以上的尺寸空间（推荐 2.1 m 以上）。
如果梯段剖面部分有天花板，在下楼时，天花板线条会很显眼，让人不安。

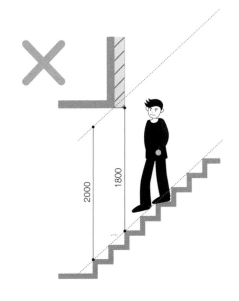

2 踢面与踏面的关系是 550 mm ≤ 踢面高度 ×2+ 踏面宽度 ≤ 650 mm

考虑到为安全性与老年人

1 楼梯与休息平台的形状

● 尽管没有转角的"I"形楼梯最安全，但是有转角时，在设计中考虑安全性比考虑转角部位更重要。如果 90° 转角部分（"L""C"形）的踏面和 180° 转角部分（"U""J"形）的踏面所分割的面积较小，那么踏空的危险性就很高。必须要分割的时候，要在平坦的平面上进行分割，以降低跌落危险。

2 楼梯各组成部分之间的尺寸关系

● 根据日本《建筑基准法》的规定，楼梯的宽度要在 750 mm 以上。如果楼梯的扶手比墙壁宽 100 mm，减去该宽度，即可得到楼梯的有效宽度。

● 《建筑基准法》还规定：踢面高度应在 230 mm 以下，踏面的宽度应在 150 mm 以上（如果有转角部分，踏面的宽度应在 300 mm 以上）。在住宅性能评价及照顾老年人等对策等级中，梯度在 6/7 以下时，550 mm ≤ 踢面高度 ×2+ 踏面宽度 ≤ 650 mm，等级为 5 或 4。在梯度为 22/21 以下时，除了要满足 550 mm ≤ 踢面高度 ×2+ 踏面宽度 ≤ 650 mm，还要使踏面宽度在 195 mm 以上（等级为 3 或 2），请确认符合上述详细规定。

3 扶手高度及设置位置

● 在《建筑基准法》中，并没有规定扶手的高度，但是梯板的前方高度应为 700~900 mm。当梯度超过 45° 时，请在楼梯两侧都设置扶手。在楼梯的转角处，请在四周都设置扶手，以降低踏空的危险。如果是"I"形楼梯，请在方便下楼的一侧设置扶手。如果要为老年人和儿童设置两种不同高度的扶手，请参考 600 mm 和 800 mm 两个尺寸。在两层的中间休息平台处，为了防止跌落，请将扶手设置在地面之上 800 mm 处。

休息平台（转角部分）的形状

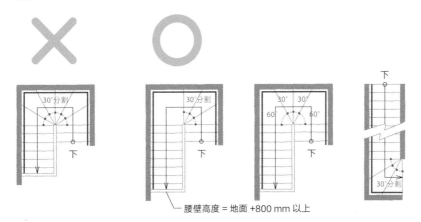

腰壁高度＝地面＋800 mm 以上

如左图所示，楼梯休息平台被分割为 6 部分，踏空的危险性较高，如果发生跌落，可能中途都没法停下来，会一直跌落到一楼。如右页图所示，如果在平坦部位划分区域，会提升安全性。

并非踢面越低越安全

同理，对于踢面的尺寸，如果踏面宽度较小，楼梯梯度就会发生变化，这样在下楼梯时，如果没有扶手，就会给人不安全的感觉。在楼梯高 3.0 m、踢面为 200 mm 的情形下，我们来比较一下踏面为 230 mm 与 195 mm 这两种情况。

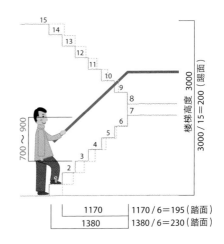

踢面高度 ×2＋踏面宽度，梯度的比较

·踏面宽度为 230 mm 时：

200×2＋230＝630……OK

梯度≤6/7，等级为 5

·踏面宽度为 195 mm 时：

200×2＋195＝595……OK

6/7≤梯度≤22/21，等级为 3

3 楼梯下部的卫生间坐便器的前方高度为 2.1 m

楼梯下方的空间利用

要有效利用楼梯下部的空间。在构造上，请务必注意需要在休息平台的正下方设置柱子。

1 作为收纳空间使用时

● 如果是纵向利用空间，由于进深比较深，越往里面天花板越低，所以收纳效率不高。但是，如果横向使用，就很方便。

在纵向利用空间时，进深要设置在 1.5 m 左右，其余的作为外部收纳，例如汽车、庭院用品等可以放在室外，提高使用效率。

2 作为卫生间使用时

● 在坐便器的前方，天花板的高度应至少在身高以上，为了减少使用时的压迫感，坐便器前方要确保 2.1 m（1.9 m 以上）的天花板高度。坐便器长度为 750 mm 左右（水箱长度为 650~700 mm）。

● 请根据整个家居空间的体量大小，把卫生间设置在比较合适的场所。如果是供来访客人使用，请注意空间的宽敞与氛围。不要将天花板做成阶梯状，应装饰吊顶，最好让人感觉不到是在楼梯的下部。

3 作为其他空间使用时

● 如果将楼梯的下部空间用作其他用途，虽然天花板很低，但是也可以结合其他空间来提高使用效率。与储藏室、土间收纳相结合，可以作为收纳场所，放置原本放在盥洗室的洗衣机、厨房的冰箱；此外，还可以用作客厅的收纳空间。但是应避免使起居室的一角位于楼梯的正下方，因为低垂的天花板会很明显。

楼梯下部空间使用的多种情形

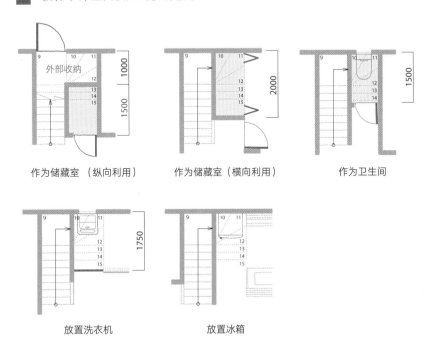

作为储藏室（纵向利用）　　　作为储藏室（横向利用）　　　作为卫生间

放置洗衣机　　　放置冰箱

楼梯下部卫生间天花板的高度

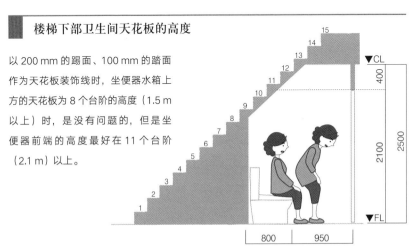

以 200 mm 的踢面、100 mm 的踏面作为天花板装饰线时，坐便器水箱上方的天花板为 8 个台阶的高度（1.5 m 以上）时，是没有问题的，但是坐便器前端的高度最好在 11 个台阶（2.1 m）以上。

4 窗台高度在 800 mm 以上的纵向窗户更有效

采光通风、保护隐私

1 确保开口部位大小

● 在有楼梯的房间，为了确保通风和白天的采光，请安装窗户。在无法安装窗户的场合下，请通过门厅、走廊与阳台来进行空间衔接，以确保采光与通风。

● 要把窗户设置在开关都毫无障碍的高度，同时为了防止从窗口跌落，窗台的高度应高于地板 800 mm 以上（参见"11 儿童房 4-1"）。此时，窗户与楼梯外围的扶手（高于地板 700~900 mm）之间不应互相妨碍。如果窗户的位置过高，导致开关困难，那么可以采用双槽推拉窗，将重心降低，或者采用锁链来实现开关窗户。

● 为了照亮有楼梯的整个房间，采用横向较长的窗户比较合适；但是当房间进深过大，采光不能够深入内部时，采用纵向较长的窗户则比较合适。虽然固定窗不能开启，通风不便，但不用担心有跌落的风险。

● 透明玻璃带来开放感，但是如果安装了窗帘，在上下楼梯时，就可能会触碰到窗帘的滑轨，有必要引起注意。压花玻璃可以遮挡视线，有利于将光线更加柔和均匀地扩散开来。

2 隐私等方面的考虑

● 起居室的楼梯，可以将人上下楼梯的声音传递到起居室。此外，空调的效率也会大为降低。因此，让人比较满意的方案是把楼梯设置在门厅中，将楼梯的空间分隔为第一层和第二层（参见"09 起居室 3-4"）。此时，楼梯入口处应有 1.0 m×1.0 m 的预留空间，出于安全方面的考虑，不要在此地设置可以开启的门。

窗户的设置高度

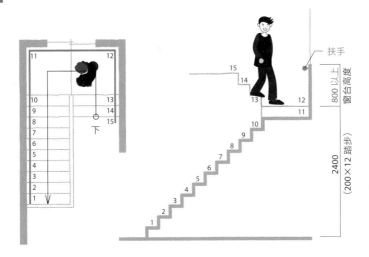

如果是可以开关的窗户，请确保将窗台设置在梯板以上 800 mm 以上处。

楼梯门厅的分隔方式

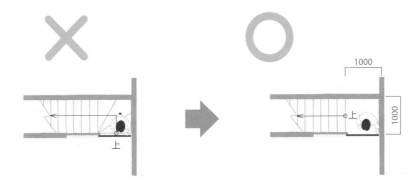

从上下楼梯的一侧开关门时，由于门的把手高度相对较低，使用起来不方便。另外，由于楼梯口的台阶高差，发生跌落的危险性较高。

改变门厅处楼梯形状的实例。不建议把木板套窗放在室内一侧，除非万不得已。把滑门设置在墙内凹陷的部位比较好。

33

5 在楼梯踏板 +2.2 m 处安装照明灯具

电气设备等

1 照明设备的安装

● 为了让设置楼梯的房间整体明亮，特别是为了能清楚地看见台阶，要安装照明灯具。建议照度为 30~75 lx。为了确保夜间安全，应保证楼梯的上下口明亮，在第一级台阶的踢脚线上方（+ 200 mm）设置埋地灯。

● 应将照明灯具设置在不影响上下楼梯、维修保养比较方便的地方。采用壁灯照明时，灯具的设置高度为梯段板以上 2.2 m（楼梯的休息平台地面以上 1.8 m）。采用悬挂灯具时，灯具的设置高度为地板以上 3 m 以内（可以站在地板上安装）。采用埋地灯时，请避开通风口的位置。LED 灯具寿命较长，但是也应考虑将其设置在方便进行室内安装的地方。

● 灯光直射人眼可能会使人踏空,因此应考虑电气设备、照明灯具的特性(光源种类、发光方向)。

2 开关、插座的安装

● 为了方便使用吸尘器，可以将附带插座的埋地灯安装在地板上。

● 如果开关有三相或四相电路，请在楼梯口处预留操作位置。在楼梯的正前方进行操作会很危险。设置人体感应开关，在搬运东西时候既方便又安全。

3 警报感应装置

● 楼梯是消防烟道的必经场所。当卧室里有台阶时，必须设置烟雾感应报警器。如果能与其他的警报装置联动，效果会更好（参见"07 厨房4-4"）。

电气设备的安装实例

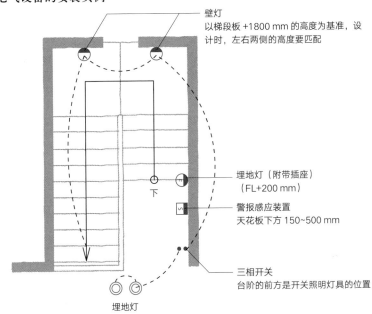

壁灯
以梯段板 +1800 mm 的高度为基准，设计时，左右两侧的高度要匹配

埋地灯（附带插座）
（FL+200 mm）

警报感应装置
天花板下方 150~500 mm

三相开关
台阶的前方是开关照明灯具的位置

下

埋地灯

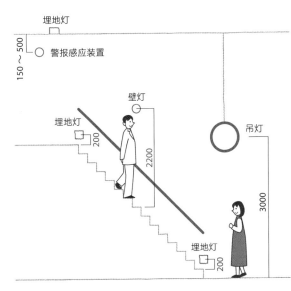

埋地灯

150 ~ 500

警报感应装置

埋地灯

壁灯

200

2200

吊灯

3000

埋地灯

200

可以将壁灯设置在梯段板之上 2.2 m 处，维修方便。尽可能采用形体较小的灯具，这样在上下楼梯时比较方便。

专栏　家用电梯

　　家用电梯的升降行程（电梯运行时，最下部台阶到最上部台阶的地板之间的高差）为 10 m 以下，升降速度不超过 20 m/ 分钟，载重量为 200 kg 以下，电梯内的地板面积不能超过 1.1 m²。

　　现在，在新建的住宅中，设置家用电梯的比例还不到 2%。今后，随着社会老龄化的发展，采用家用电梯的情况会越来越多。特别是在 3 层与 2 层的住宅中，电梯的使用频率会越来越高，设置家用电梯会很方便。如果设置了家用电梯，对于儿童与老年人而言，能够防止事故发生。此外，不光人上下楼方便了，搬东西上下楼也变得方便多了。将来，随着家用电梯的普及，还会出现在电梯下方设置储藏室的情形。如果设计紧凑，可以将上下区域面积限制在 1.2 m×0.8 m 以内。

　　家用电梯的维护费用，一年大约需要 5 万～ 6 万日元（包含每年一到两次的定期检查费用），还是比较便宜的，很值得积极尝试使用。

03
卫生间

要点

营造高效舒适的生活空间

1 卫生间空间的设计要点

- 卫生间的设计，应最大限度地考虑视线与声音的影响。此外，要确保扫地清洁用品的收纳空间，整个空间要给人非常整洁的感觉。

- 如果主卫生间也供来访客人使用，请考虑化妆用品的位置、方便老年人使用等问题，还要考虑设置扶手等安全设施。

2 功能与组成要素分类

- 下面我们分类整理一下有关卫生间的生活行为与相关物品之间的关系。

生活行为	相关物品
排尿、护理等	坐便器、卷纸器、卫生纸、洗手池、洗手液、清洗遥控器、扶手、毛巾、挂钩、专用拖鞋、轮椅、儿童用的辅助马桶
补妆	梳妆台（放置物品的场所）、镜子
扫除	清扫工具
保管	卫生纸、清扫工具、生理用品
装饰	天花板、台面等
通风	24 小时换气扇、窗户
其他	报纸、漫画、吸烟（烟灰缸）、芳香剂

3 标准卫生间的平面布局

- 如右页图所示，有坐便器与洗手池组合在一起的布局，也有与小便器并列设置的组合布局。本书考虑到老年人，以使用率较高的壁挂式小便器为例展开说明。

卫生间的标准布局

水箱 × 洗手池

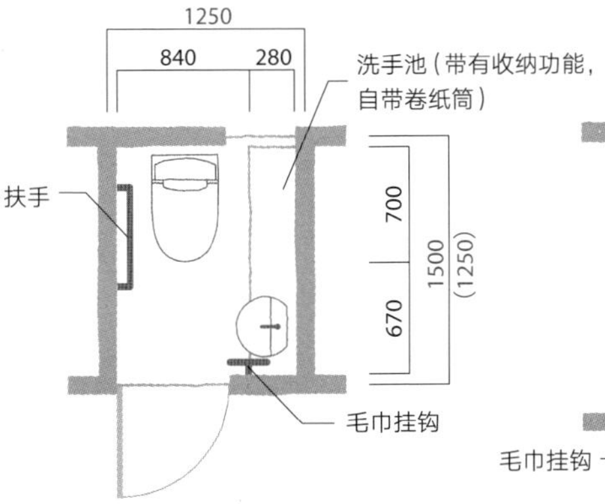
1250
840
280
洗手池（带有收纳功能，自带卷纸筒）
扶手
700
670
1500
(1250)
毛巾挂钩

不带洗手池的坐便器 × 节省空间的洗手池

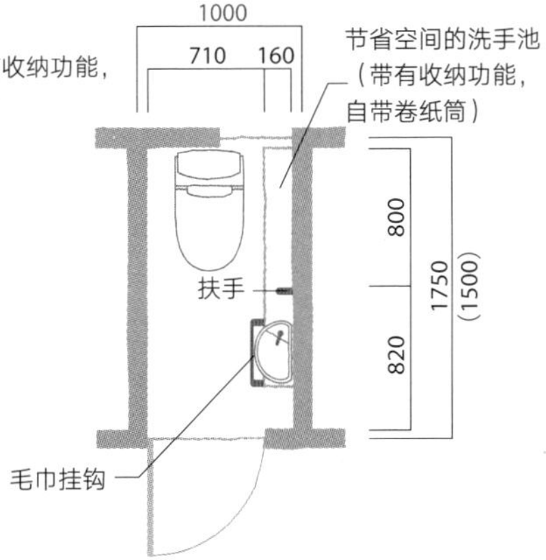
1000
710
160
节省空间的洗手池（带有收纳功能，自带卷纸筒）
800
扶手
820
1750
(1500)
毛巾挂钩

带洗手池的坐便器 × 收纳

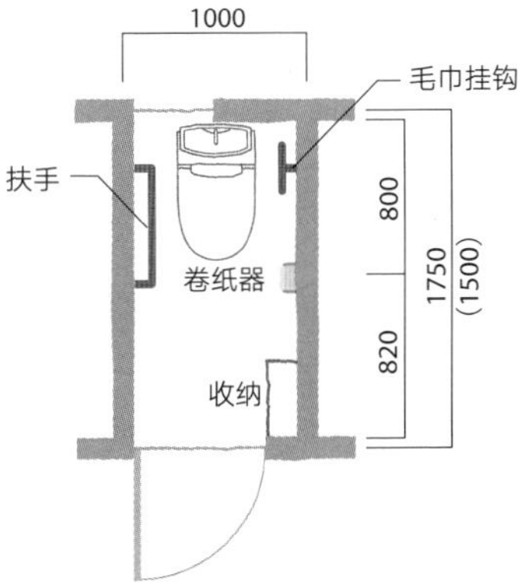
1000
毛巾挂钩
扶手
800
卷纸器
1750
(1500)
820
收纳

与小便器并排设置

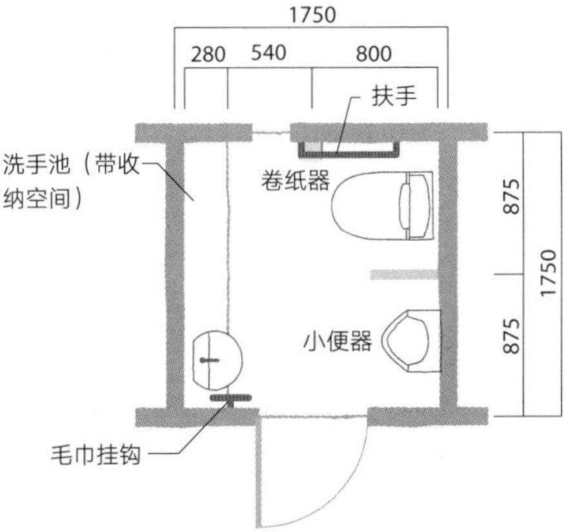
1750
280
540
800
扶手
洗手池（带收纳空间）
卷纸器
875
1750
875
小便器
毛巾挂钩

1 长边的内侧尺寸在 1.3 m 以上，坐便器前方必须有 0.5 m

必要空间

1 必要的空间尺寸

- 为了保证在卫生间内转身时没有障碍，请注意确保房间的长边内侧尺寸在 1.3 m 以上，坐便器的前方或侧方有 0.5 m 以上的空间。坐便器长 750 mm（水箱长度为 650~700 mm），因此要保证有宽 1.0 m、进深 1.5 m（1.25 m）以上的空间。请注意，当卫生间的空间过大，需要多走几步才能到坐便器处时，或者墙壁上没有扶手时，对老年人而言反而增加了负担。

- 为了方便使用者在生活中借助轮椅自由行走，有关尺寸的设计基准请参照右表。

- 在设置带有台面的洗手池时，卫生间宽度要在 1.25 m 以上，如果采用节省空间的洗手池，可以将宽度设置为 1.0 m。在设置了小便器和水箱时，请注意务必将洗手池也一起设置。

2 以有护理者为前提的必要的空间尺寸

- 如果上卫生间需要护理者帮助，在布局卫生间出入口和便器的位置时，需要考虑尽量减少轮椅的往返运动，还要使轮椅很容易倒到坐便器处。

- 必要的卫生间尺寸如下：在坐便器的前方（A），要预留站着或坐着都很轻松的 0.5 m 以上的空间；在坐便器的侧方（B），要预留方便护理者使用的 0.5 m 以上的空间；在坐便器的后方（C），如果需要护理者从后面帮助，要预留可以使人站在便器后面的 0.2 m 以上的空间。如果坐便器的侧方有 1.0 m 以上的空间，那么无论是走到坐便器处，还是转换轮椅的方向，都将变得很容易。

与住宅性能评价及照顾老年人等对策等级 3 相符的尺寸

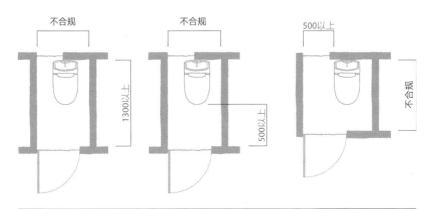

等级 5	短边内侧尺寸在 1.3 m 以上。或者确保从便器后方的墙壁到便器前端的距离加长 0.5 m
等级 4	短边内侧尺寸在 1.1 m 以上，且长边内侧尺寸在 1.3 m 以上。或者确保坐便器前方及侧方距离墙壁的尺寸在 0.5 m 以上
等级 3	长边内侧尺寸在 1.3 m 以上。或者确保坐便器前方及侧方距离墙壁的尺寸在 0.5 m 以上

以有护理者为前提的必要的空间尺寸

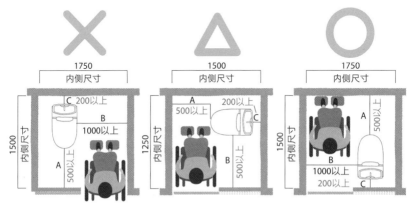

轮椅需要旋转 180°倒出来，回转次数多。

轮椅需要旋转 90°倒出来，回转次数多。

移动距离最短，仅需要横向移动，最为方便。

2 门宽 800 mm，做成外开门或拉门

考虑到安全性与老年人

1 配备卫生间的楼层

● 在有老年人卧室的楼层中，必须设置卫生间。如果有专用的卫生间，也可以设置在室内。

2 出入口的门的安装方式

● 考虑到装修后的室内拆除作业，要确保卫生间门的有效宽度在 800 mm（或 750 mm）以上。

● 开关门时需要移动身体，在气密性、开关及上锁方面都很出色。如内开门，卫生间内有人摔倒时要花时间营救，因此应尽量避免这种开启方式。如果面向走廊设置卫生间，为了不使门与走廊上的行人发生碰撞，可以使卫生间向内凹进，以提高安全性。

● 开关门时，不需要移动身体，这种门很便于老年人使用。门把采用长条形，或采用带有附属功能的门，不费劲就能轻易打开。外开门的门套向走廊伸出，在设计上不推荐这种做法。请注意，采用内开门时，将很难确保设置储藏备用品空间的墙壁不受影响。

● 采用折叠门，在开关门时都能够节省空间，但请注意有时在开关时可能会影响其他门扇。

● 如果在墙角设置卫生间门，可能会出现轮椅需要非常靠近门才能开关的情形。如果距离袖壁 300 mm 设置门，开关会比较方便。

门扇外开时的注意事项

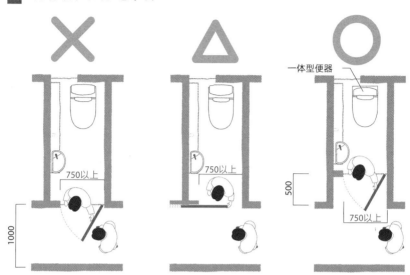

一体型便器

卫生间是使用频繁的场所。为了防止与走廊上走的人发生碰撞事故，在设计外开门扇时，应尽量缩短向走廊的伸出宽度。虽然在设计方面不建议做成外开门，但是这种安全性很高。

内开门扇的危险性

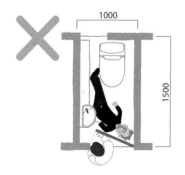

为了规避危险，请不要设计内开的门扇。

墙角卫生间的注意事项

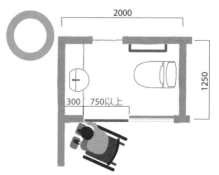

在使用轮椅时，请注意有时可能够不着墙角的门扇。

3 安全、易维护的地板材料

- 请选用弹性地板材料或专用的清洁地板材料，防滑且容易维护。地板砖、石材等坚硬的地板材料在跌倒时会非常危险。有时为了保护地板会铺设一层浴室垫，请注意不要被绊倒。

4 便器、便座的辅助功能

- 为了减轻老年人的负担，为便器、便座设定的多项功能，应结合老年人的具体情况而采用。主要的功能有：蹲坐或站立时的辅助功能（便座升降设施、便盖自动开关功能、便座手扶功能）、缓和体温差的功能（室内暖气）等。

5 扶手的设置

- 在便器旁边设置的扶手，主要是辅助蹲坐或站立使用的，一般设置在便器的右侧比较方便。这种纵向设置的扶手，如同门扇的开关把手一样，应设置在坐便器前方 150~300 mm 的位置。扶手的下端距离地板 650 mm，长度为 600 mm 以上。

- 使用推拉门进出卫生间时，随着门扇的开关，身体容易失去平衡，因此如果在门扇侧面安装了保持身体平衡的扶手，就可以让人很安心。扶手的下端距离地板 750 mm，长度为 600 mm 以上。

6 洗手池的设置

- 便器附带的洗手池，由于使用时必须要转身，所以危险性大为增加。如果把洗手池放在别的地方，在狭窄的空间内的动作就会减少，空间畅通无阻，会更让人安心。洗手池的台面作为柜台的一部分，可以放化妆包等物品，使用起来很方便。

扶手的设置尺寸及洗手池的位置

蹲坐或站立时辅助使用

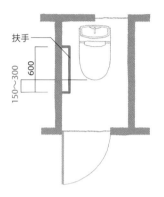

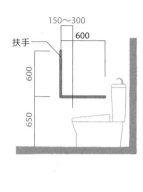

大部分的卫生间会供来客使用，有必要设置扶手以方便蹲坐或站立。

用来防止跌倒

为了防止跌倒，在推拉门的一侧设置扶手比较好。

便器附带洗手池时的洗手动作

在狭窄的室内空间，不建议做转身动作。

③ 卷纸器在坐便器前方 100 mm

考虑到功能，确保收纳空间

1 备用物品的布置

- 虽然卫生间的空间狭窄，但是仍然需要收纳很多日常用品，需要把它们布置在方便使用的位置。与其分散布置，不如将各种物品的功能作为整体来考虑。

- 请将扶手设置在坐便器的右侧（好使的手一侧）。

- 卷纸器也可以用于收纳，双联型的比较方便。大概设置在坐便器前方 100 mm 处，地面上方 700 mm 处。请注意，它的高度容易与扶手相混淆。另外，使用卷纸器的声音容易通过墙壁传递，因此应避免设置在卧室一侧。

- 请以坐便器的前端为中心，在前后 150 mm 的范围内设置清洗遥控器。

- 洗手池如果有镜子，来客必定会欣喜地将其用于穿衣化妆。

2 确保收纳空间

- 卫生间内部的清洁用品，以及最基本的物品（例如卫生纸），一定都要收纳在卫生间内部，请做出这样的设计规划。

- 洗手池台面上的收纳物品数量，请参照下面的"洗手池台面的物品收纳实例"中的建议。如果放置不下，请放在便器的背面或者门扇上方的收纳空间里，建议进行灵活收纳。

3 洗手池台面的物品收纳实例

- 节省空间的洗手池：洗涤剂 2 瓶、刷子 1 把。

- 台面为 1.5 m 的洗手池：洗涤剂 5 瓶、刷子 1 把、生理用品 2 个、清洁盒 1 个、卫生纸 18 卷、清洁巾 4 条、湿巾 2 盒、毛巾 3 条、芳香剂适量。

备用品的布置（参见第 39 页）

便器与洗手池为一体时
（分开放置备用物品）　　　　　　　　（一体化配置）

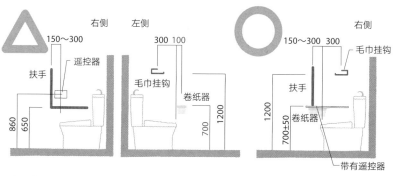

很难调整各自的设计布局，
外观也不好看。

各种物品布局很好，提高了
收纳效率。

设置洗手池台面时　　　　　**节省空间的洗手池设有台面时**

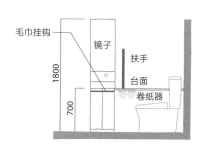

如果台面的宽度较大（300 mm 左右），
就无法将扶手设置在同侧。

扶手与台面设置在同侧。

4 遮挡视线的窗户开关角度在 30° 以内

通风采光、保护隐私

1 窗户设置的注意事项

● 设计窗户位置时，请考虑外部光线的射入，以保证通风及白天光线充足。

● 如果把窗户设置在卫生间的侧面，要考虑扶手、穿衣镜等物品的摆放互
不干扰。如果设置内开窗，请不要将其设置在室内开启时有危险的一侧。
如果把窗户设置在坐便器的背后，要比水箱高度（约 1.0 m）更高。采用
外开窗时，请将窗框把手设置在方便开关的位置。如果是天花板附近的
便于保护隐私的窗户，需要将其开启或闭合时，需要准备在高处进行开
关的工具。

2 窗户种类及视线考虑

● 采用推拉窗有利于通风与采光，但缺点是很难遮挡外部的视线，雨水也
容易飘进来。如果采用纵向的平开窗，开关窗户的角度在 30° 以内，并
加装窗户合页的话，就基本能够遮挡外部视线了。如果采用横向的推拉
窗或者内开窗，都不太容易遮挡视线。

3 保护隐私的考虑

● 设计时要注意避免从室外、玄关或起居室一眼就能看到卫生间（参见"01
玄关、门厅 6-3"）。

● 如果卫生间必须与起居室相邻，那么中间最好隔着储藏室，采用消声的
隔墙材料。由于卷纸器容易传递声音，请不要将其设置在卧室一侧。

窗户设置的注意事项

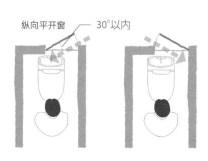

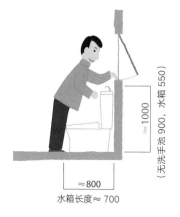

如果是纵向平开窗，只要窗户的开关角度在
30°以内，不管从哪个方向开启，都能够遮挡
外部视线。

如果窗户是坐便器后方的外开窗，
应将其设置在方便操作的位置。

对隐私的考虑

将卷纸器设置在卧室一侧，没有考虑
隔音处理。

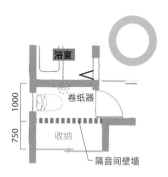

中间的收纳空间被改为隔音型。卷
纸器被设置在浴室一侧，但考虑了
隔音处理。

5 壁灯在门扇开启一侧时，应将其设置在地面以上 2.0 m 处

电气设备等

1 照明设备的安装

- 如果夜间照明过于明亮，人的神经系统容易兴奋，晚上会难以入睡。因此，应考虑选择能够调节光照强度的照明灯具。卫生间所需要的照明时间短，但是开关的频率较高，同时人们又容易忘记关灯，采用带有人体感应装置的照明设备会更加方便。

- 请将天花板上的灯具或吊灯设置在坐便器前部的上方。如果楼梯梯段的天花板比较低（1.9~2.1 m），那么安装在天花板内的灯具会给人一种压迫感，同时容易使人眩目，请选用壁灯照明。

- 为了让刚进门的人不产生眩晕感，请把壁灯设置在门扇的背后一侧。也请避免在坐便器的正面与背面设置壁灯。在狭窄的空间内，壁灯的设置高度要避免妨碍其他物品，以 FL+2.0 m 的高度为基准。

- 谁都不喜欢在黑暗的房间寻找照明开关。为了方便来客找到灯具的开关，也为了避免在室内经常开关，请将开关设置在室外。

2 插座的安装

- 具有加热和清洁功能的坐便器，都需要使用插座。请将插座设置在坐便器的对面左手侧，同时带有接地保护装置。

3 换气扇的安装

- 卫生间的换气扇，有时候还可以作为改善室内污染空气的设备，承担了一部分给建筑物换气的功能，应根据需要的换气量选择合适的设备。

- 如果标准换气扇的换气量是 80 m³/h，那么一台换气扇可以承担 64 m²（天花板高为 2.5 m 时）的换气量。

电气设备的安装实例

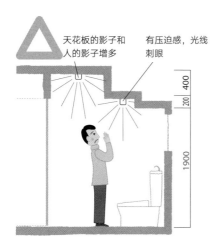

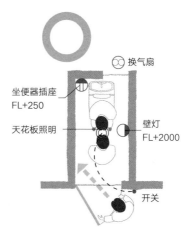

请注意，使用梯段下方的吸顶灯照明时，容易产生阴影，使人眩晕。

壁灯应设置在门扇背后一侧，进入房间时，不会感觉眩晕。天花板照明可设置在坐便器前方的上部。

换气扇的设置注意实例

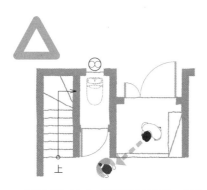

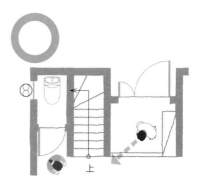

从外观看，窗户、换气扇比较突出，会影响视线。

改变卫生间的布局，考虑外观和隐私保护。

专栏 从玄关可以看到卫生间

有人认为"从玄关一眼就能看到卫生间很讨厌",然而,也有人认为可以不在意声音和视线,把卫生间设置在起居室对面,在外出和回家时都很方便。

本书不主张卫生间被设计得一眼就能看到,即便业主如此要求,但是在进出卫生间时,被玄关来客迎面看到卫生间的便器,主人的心情也不会太好吧!因此,这种情况应被设计师排除在外。

在玄关附近设置卫生间对主人是比较方便的。但是从客人的角度来看,如果客人借用玄关的卫生间,客人心里总归有些不好意思。

姑且不论"从玄关一眼就能看到卫生间"是好是坏,在住宅设计方面,重要的是在保证设计品质的同时,为业主提供不同的可选方案。当然,对不同设计方案的优缺点进行说明是必不可少的。

从卫生间出来时,容易与大厅里的人相撞,因此把卫生间的门扇设计成内开形式。这种既危险又不方便使用的卫生间至今仍然存在,令人叹息。

04

盥洗室

整理设计具有四项生活功能的空间

1 盥洗空间的设计要点

● 盥洗室一般由更衣、洗涤和洗脸三种生活行为空间及收纳空间构成。生活行为因人而异，即便是物品繁多、阴暗潮湿的空间，只要在布局上下功夫，也能成为明亮、通风、整洁的生活空间。

2 功能与要素分类

● 下面分类整理一下多功能盥洗空间中的生活行为与相关物品的关系。

生活行为	相关物品
更衣	衣物收纳篮、扶手、放衣处
擦手和身体	毛巾（挂钩）、浴巾（挂钩）
洗脸、化妆、刷牙	化妆洗脸台、毛巾（挂钩）、香皂、化妆品、刷牙套装、杯子、剃须刀等
洗涤与晾晒	洗衣机、洗衣机底座、洗衣机排水地漏、水龙头、洗涤剂、晾衣竿、衣架等
保管	毛巾、浴巾、衣物、衣架、剃须刀、吹风机、浴室清扫工具、洗发露等浴室用品、洗涤剂、刷牙套装、化妆品等
通风换气	换气扇、窗户
其他	体重计、空调设备、电风扇、室内专用烘干机

3 标准平面布局

● 进深 2.0 m，开口 1.5 m 和 1.75 m 两种规格的盥洗室，配有更衣、洗衣与收纳的各个空间，出入口、扶手等物品都能方便快捷地满足各种生活行为需要。应重点注意确保盥洗室的收纳空间。

盥洗室的标准布局

1.75 m×2.0 m

如果开口是 1.75 m，可以把宽度为 900 mm 的化妆洗脸台和洗衣机并列放置。

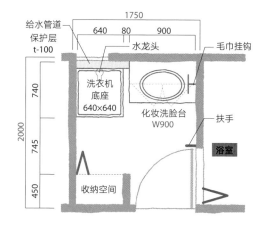

1.5 m×2.0 m

如果开口是 1.5 m，常用的宽度为 750 mm 的化妆洗脸台就无法与洗衣机沿着开口方向并排放置，只能沿着纵深方向并排布置。

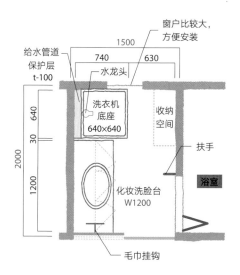

🏠1 滚筒洗衣机的前方要空出 600 mm

1 更衣空间（1.1 m×0.7 m）

- 左右大约 1.2 m，前后大约 0.7 m 的空间是必需的。如果是亲子或护理空间，请确保前后有 1.2 m 的空间。如果使用衣物收纳篮，请确保洗衣机的上方或前方有放置空间。

2 洗衣机尺寸约为 600 mm

- 洗衣机的宽度和纵深约为 600 mm（滚筒式约为 640 mm×720 mm，底座为 640 mm×640 mm 以上），高度约为 1.0 m。如果设置了给水管道保护层（参见第 65 页图片），前后还需要约 100 mm 的空间。另外，为了防止洗衣机在脱水时碰触墙壁，请在洗衣机的周边留出 20 mm 的空隙。

- 如果采用纵向全自动洗衣机，可以从侧方进行操作。但是如果采用滚筒式洗衣机，考虑到洗衣机的作业空间与门扇开关，则需要 600 mm 以上的空间。

3 洗脸台宽 750~1200 mm，进深 500~600 mm

- 常用的洗脸台宽度有 750 mm、900 mm、1200 mm，进深为 500~600 mm。高度约为 1.9 m，如果设置室内吊顶，总高度约为 2.3 m。如果女士较多，设置成双盆洗脸池（1.5 m 以上）可以缩短早晚高峰时使用的时间，比较方便。如果在二楼设置辅助使用的洗脸台，可以采用紧凑型的（宽 600 mm，进深 400 mm）。

- 为了方便在洗脸台前弯腰和梳妆打扮，请预留 600 mm 以上的空间。

盥洗室的必要空间尺寸

更衣时的必要尺寸

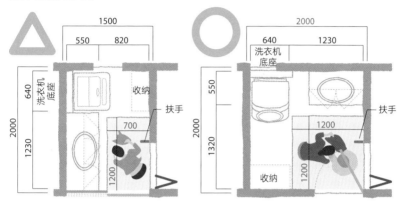

一个人更衣没有问题；两个人有点困难。

宽度为 2.0 m，两个人使用也绰绰有余。

使用洗衣机的必要尺寸

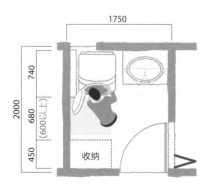

如果是滚筒式洗衣机，必须在洗衣机的正前方预留 600 mm 以上的空间。

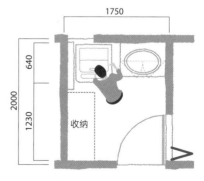

如果是纵向全自动洗衣机，可以从侧面操作，因此没有必要在正前方预留空间。

4 收纳空间的进深要在 300 mm 以上

● 由于要收纳洗涤剂、日用品，所以请确保盥洗室内的收纳空间。有时候，衣架、晾衣工具、西式内衣及睡衣、纸尿布等也需要放在盥洗室内收纳。请注意，由于生活习惯不同，盥洗室内必需物品的收纳数量可能有较大差异。

● 参考浴巾尺寸，必须将收藏空间的进深设定在 300 mm 以上。如果放置衣物收纳篮，请确保有 450 mm 以上的空间，这样更具通用性。

■ 盥洗空间的分区实例

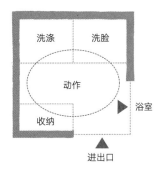

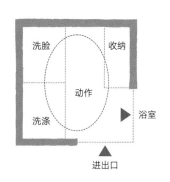

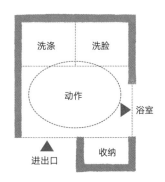

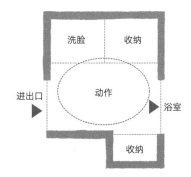

使用洗脸台的必要尺寸

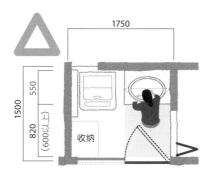

如果进深为 1.5 m，采用平开门就会互相干扰，采用推拉门比较好。

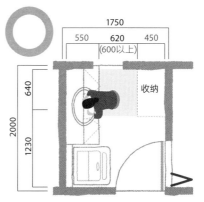

请确保洗脸台前方有 600 mm 以上的空间。进出口的门扇最好设置在互不干扰的地方。

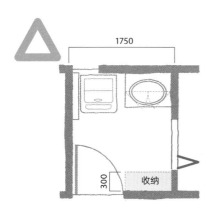

与浴室的门扇错开位置，以确保使用空间（可行与否，请咨询住宅建造商）。

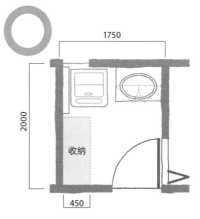

对进出盥洗室与浴室的路线进行集约设计，以确保足够的空间。

⌂ 2 室内晾晒空间宽 2 m、进深 1 m

空间联系

　　盥洗室与浴室必须连在一起，在设计做家务的行走路线时，要考虑它与厨房、阳台等之间的空间联系，这点很重要。可以将在盥洗室内做的家务转移到其他空间来完成。例如，如果二楼有晾晒衣服的场所，那么就不用在一楼设置盥洗室，在第二层设置就可以了。如果女性或访客较多，可以考虑设置独立的洗涤室。

1 与厨房的联系

- 如果将浴室、盥洗室和厨房横向相邻布置，就会缩短做家务的行走路线，提高效率。这种布置允许人们一边做饭，一边把握洗衣进程，很方便，也很受欢迎，但是由于去往盥洗室的动线有两条，所以确保盥洗室内的收纳空间非常重要。如右页图所示，当盥洗室进深为 2.0 m 时，才能确保必要的收纳空间与道路宽度。

2 与晾晒场所之间的联系

- 除了在庭院和阳台晾晒衣物之外，由于隐私保护，现在越来越重视在室内干燥衣物。

（在庭院晾晒时）

- 一般来说，晾晒衣物的准备和整理，可以充分利用与庭院相对的起居室、传统日式房间等场所，也可以在盥洗室、另设的洗衣房（家务室）进行。此时，如果设有进出室内的后门土间（0.75 m×0.5 m）会比较方便。

> 盥洗室（洗涤）→起居室等（晾晒准备）→庭院（晾晒）→起居室等（分类整理、熨烫）→收纳

与厨房之间的联系

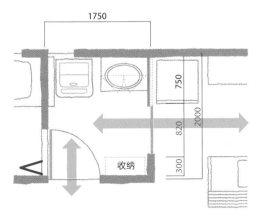

图例显示了从厨房往返盥洗室之间的家务动线。虽然提高了便利性，但是可以使用的墙面减少了，请注意，这样一来收纳量可能也会减少。

与晾晒衣物场所之间的关系

（在庭院晾晒时）

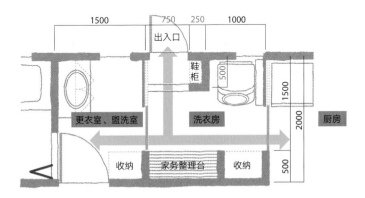

在盥洗室与厨房之间设置洗衣房的实例。在庭院中晾晒时，如果在洗衣房内设置土间，脱鞋会比较方便。

（在阳台晾晒时）（参见"13 阳台 1-1"）

● 对楼梯等移动动线进行紧凑设计，可以减少家务负担。如果在二楼设置洗涤空间，请务必在相邻房间采取隔音措施。也要预留通往下层的管道空间。

● 一般来说，晾晒衣物的准备场所，可以充分利用阳台对面的主卧或门厅。下雨时，这些场所也可以被活用为室内烘干空间，提前做这些准备会比较方便。

> 盥洗室（洗涤）→楼梯→主卧等（准备）→阳台（晾晒）→主卧等（分类整理、熨烫）→收纳

> 盥洗室（更衣）→楼梯→洗涤室（洗涤）→主卧等（准备）→阳台（晾晒）→主卧等（分类整理、熨烫）→收纳

（室内烘干、晾晒并用时）

● 天气恶劣时，只能在室内烘干衣物。由于女性步入职场、大气污染和隐私保护等，如今有 90% 以上的家庭采取了这种方式。

● 对于室内晾晒空间，应选择盥洗室之外的对日常生活及来客没有影响的场所。至于每次的晾晒数量，以内衣为主要考虑对象，有两根 2 m 长的晾衣竿就可以，请确保有长度为 2.0 m、宽度为 1.0 m 的空间。不需要使用时晾衣竿，将可收纳的室内衣物干燥柜与墙壁或天花板连起来使用，会非常方便。

3 其他

● 当不在盥洗室洗脸，只将其作为客用空间或女性化妆室而独立设置时，请设计宽度在 1.5 m 以上的宽敞空间。如果采用双盆洗脸台或可使用座椅的无障碍洗脸台会更好。

室内晾晒空间平面实例

距离楼梯、阳台近的场所,距离
主卧近的场所,都可以作为室内
晾晒空间。晾衣竿之间的间距为
300 mm,为了操作方便,请与
墙壁保持 500 mm 的间距。

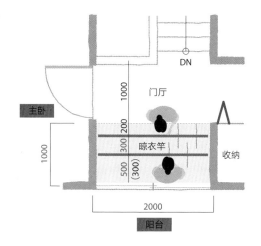

盥洗室分隔平面实例

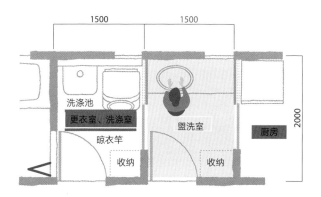

与更衣和洗衣空间分离后,在盥洗空间里看不到杂物,会让人觉得很清净。即便有人在洗澡,
也可以使用洗脸台,来客使用也很方便。

3 水龙头的高度为洗衣机高度 +300 mm

考虑到功能

在盥洗室内，除了有化妆洗脸台、洗衣机等大件物品，还放有很多其他备用品。下面总结一下这些物品的布局与设置。

1 化妆洗脸台的高度

● 洗脸台的推荐高度如下：身高为 155 cm 时，750 mm；身高为 165 cm 时，800 mm；身高为 170 cm 时，850 mm。考虑到使用时间与频率，选择适合女性使用的高度即可。

2 洗涤用设备的安装

● 请将洗涤用的水龙头设置在不被洗衣机遮挡，也不妨碍洗衣机盖打开的高度。洗衣机的种类不同，合适的水龙头高度也不同，一般以洗衣机高度 +300 mm，即 FL+1.3 m 为基准。从地基到根基这一段，水龙头的给水管道是不可或缺的，沿着墙壁向上，在给水管上加上保护层，才能让人放心。

● 在洗涤用的排水设备中装有洗衣机底座与金属排水部件。如果设置在二楼，请考虑漏水风险，并设置洗衣机的底座。一般的洗衣机底座尺寸为 640 mm×640 mm，但是随着洗衣机的型号越来越大，还有 640 mm×740 mm 和 640 mm×800 mm 等尺寸规格。在使用排水金属部件时，请注意洗衣机的排水位置。如果是直下式排水，还需要安装其他附属配件。

● 洗涤池有多种用途，可以用来存放冲洗用水、浸泡用水等。也可以作为洗脸池使用，但如果使用频率较高，分开设置会比较方便。尺寸宽度为 500 mm，进深为 450 mm，安装高度一般为 FL+810 mm。与洗衣机一样，也需要安装给排水设施。

3 请确保出入口的门扇宽度在 750 mm 以上

● 为了让洗衣机搬入房间不会出现问题。请确保门宽在 750 mm 以上。外开门可能会妨碍在走廊上行走的人；内开门可能会妨碍室内的人或踏脚垫。从设计层面而言，不推荐使用外开门，但是内开门也有缺点，它会使安装插座与开关的墙面减少。出入口的门扇如果打算给家庭成员以外的人使用，还需要安装锁。

4 其他

● 毛巾挂钩要设置在从洗脸台方便取用的位置，以 FL+1.2 m 为基准。浴巾架宽度要在 700 mm 以上。

● 体重计不竖着立在墙壁上，要事先研究收纳场所。也可以放在洗脸台的踢脚线处。普通的体重计大小为 250 mm 见方，30 mm 厚，多功能型的体重计会更大。

水龙头、洗涤池的设置实例

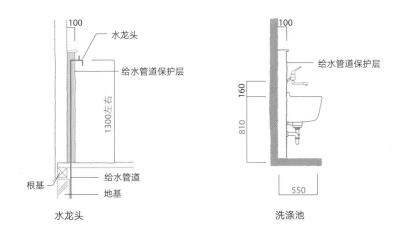

水龙头　　　　　　　　　　　　洗涤池

④ 确保化妆洗脸台前有 1 m 以上的距离

考虑到为安全性与老年人

1 出入口门扇

● 如果使用轮椅出入,内开门的开关空间大,不太合适。虽然平开门有隔音与上锁方便的优点,但是对老年人等而言,还是推拉门比较方便(参见"03 卫生间 2-2")。

2 地板铺设材料(参见"03 卫生间 2-3")

3 洗脸台的设置

● 对于可站立但步行困难而使用轮椅的老年人等而言,请将洗脸台设置在方便他们到达的位置。洗脸台前方必须有 1.0 m(标准为 0.6 m 以上)以上的空间。可使用座椅的无障碍的洗脸台,不仅对老年人比较方便,而且对于因化妆而需要长时间使用的人也非常方便。

4 扶手的设置位置

● 为了保证更衣及进入浴室时不跌倒,请在 FL+750 mm 处(扶手下端)的浴室门上横向安装长度在 600 mm 以上的扶手。

● 如果在洗脸台前使用座椅,请注意安装方便起坐的扶手。

5 休克对策

● 为了缓和入浴前后的体温激变,请安装取暖设备。从卧室直接进入盥洗室,在平面布局上也应有所考虑(参见"10 主卧 3-3")。

洗脸台的设置

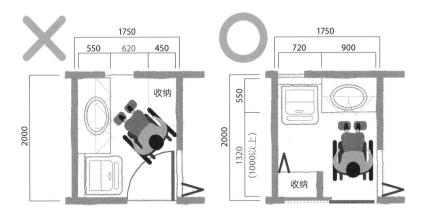

轮椅或人必须要旋转90°的设置实例。平开门不方便使用，也无法设置收纳空间。

轮椅不用转弯即可使用的实例。请确保洗脸台前有1.0 m以上的空间。

轮椅面向洗脸台

可使用座椅的无障碍洗脸台尺寸实例。使用轮椅时，请确保洗脸台下部有高度为650 mm、进深为550 mm的空间；同时请确保洗脸台上端的高度大约为750 mm。

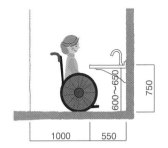

5 窗户设置在地面以上 2.0 m 处，提高私密性和防范性

采光通风、隐私保护

1 设置窗户的注意事项

● 为了确保通风与白天的光线，请在选择窗户安装位置时考虑外部视线。
入浴后和洗衣时有湿气排出，但是不能依赖于自然通风，请试着使用换
气扇吧！

● 如果在洗衣机的一角设置窗户，除了要考虑洗衣机的高度（约 1.0 m）、
水龙头的高度（约 1.3 m），还要注意外开窗开关的方便性。窗户的高度
超过 GL+2.0 m，就不容易被窥视到，可以有效地提高安全性。

● 如果把洗衣机与洗脸台的位置从外墙一侧改为间隔墙一侧，设置大窗户
就很容易。这是使盥洗室光线明亮的有效的平面布置方法（参见第 55 页）。

● 关于窗户的种类，可参见"03 卫生间 4-2"。

2 对隐私的考虑

● 浴室与盥洗室，是最需要考虑隐私保护的空间。在规划时，不仅要遮挡
外部视线，而且要遮挡来自玄关和起居室等公共空间的视线（参见"01
玄关、门厅 6-3"）。
由于人们在入浴前后往往衣冠不整，所以也要考虑从卧室走到盥洗室的
路线设置。

● 虽然老年人的卧室与盥洗室接近会很方便,但是,如果是两代人共同生活,
作息时间差异较大，使用洗衣机与吹风机时的噪声容易给人造成困扰，
设计时请认真考虑。

设置窗户的注意事项

设置高于洗衣机的窗户，考虑了
可操作性。

超过室外地面 2.0 m 以上的窗户，
就能遮挡视线，有效防范犯罪。

对隐私保护的考虑

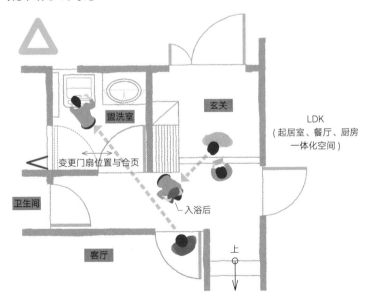

去往盥洗室的动线上有玄关门厅和楼梯，从客厅也能看到盥洗室的实例。即便很难更改平面布
局，也可以如图示一样，变换门扇位置和合页位置，这样可以最大限度地保护隐私。

6 洗衣机专用插座的设置高度为 FL+1.3 m

电气设备等

1 照明设备的安装

● 卫生间所用的吸顶灯、聚光灯请设置在盥洗室的中央位置。如果作为客用与女性用化妆室，应重视室内装饰效果，选择合适的灯具。

● 灯具的开关也可以设置在走廊下方。但是为了入浴时能够关掉盥洗室的照明灯，本书建议将开关设置在浴室门扇附近比较顺手的位置。请将浴室照明开关和换气扇开关设置在同一位置。

2 插座的设置

● 洗衣机专用插座容易受到湿气和灰尘的影响，因此请在不被洗衣机遮挡的位置（高度以 1.3 m 为基准）设置插座。如果洗衣机附带接地装置，采用专用回路比较好。

● 洗脸台附带的其他插座，例如电风扇、吸尘器、暖风设备等（应对休克的设施）的插座，请预先至少在一处设置。如果是在做家务的房间，还有必要设置电熨斗、缝纫机插座。

3 换气扇等

● 如果盥洗室内未设置窗户，请务必设置换气扇。即便设置了窗户，由于在入浴与洗涤时，需要将湿气在短时间内排出，所以推荐使用换气扇。如果要进行室内烘干，可以使用专用的室内烘干电风扇，很有效果。

● 安装换气扇，要注意考虑外观。在盥洗室的天花板或浴室的墙壁上（FL+2.3 m 左右处）可以设置浴室上部的管道，借此可以改变排气方向。

▌换气扇安装的注意事项

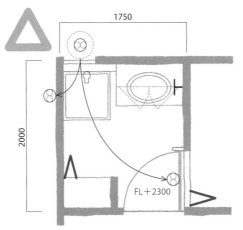

如果把换气扇安装在建筑物的正面，可能会不太美观。

▌电气设备的安装实例

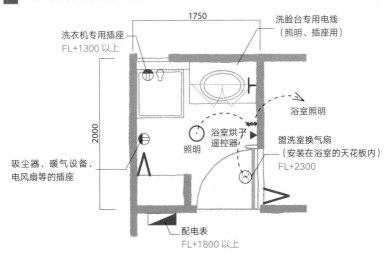

配电表应设置在从玄关、起居室等都看不见，又容易操作的场所。请避开浴室、卫生间或安有门锁的场所。务必要注意盥洗室和其他锁门的场所。高度应使儿童不容易触摸，也不妨碍行走，以 FL+1.8 m 以上为宜。配电表的大小不一，一般长 450 mm、高 320 mm、厚 100 mm。

专栏　开口部位的侵入对策与预防犯罪（CP）

　　你可以从盥洗室出去到走廊上晾晒衣物，也可以从浴室走出来到庭院里。有这样整洁明亮的盥洗室真好啊！

　　即便有这么好的盥洗室，也还是会担心有人入室犯罪。正因为盥洗室是最注重保护个人隐私的空间，不容易被人发觉，所以如果夜间使用洗衣机，就会让入室罪犯的声响不易被察觉。如果卧室在二楼，会比较让人担心。请做好开口部位的防范对策，对侵入犯罪防患于未然。

　　"官民合作会议"是围绕有关防范性能高的建筑产品的开发与普及而展开的。在进行的严格测试中，产品能够抵御入侵时间五分钟以上的，就会被认定具备一定的防范性能，这些产品被批准带有"CP"标识，例如门框、玻璃、百叶窗等。CP的意思是预防犯罪，是英文单词 Crime Prevention 的首字母缩写。那些即使没有 CP 标识的产品，也有一定的防范性能。例如，人体不能通过的固定尺寸的窗户（400 mm×250 mm 的长方形窗、400 mm×300 mm 的椭圆形窗，直径为 350 mm 的圆形窗），都具有有效的防范性能。

　　但是，仅仅依靠防范建筑物开口部位的入侵，并非万全之策。周围视野要开阔。采用声音开关、灯光装置等让偷盗者不方便接近的设施。有必要从地基整体来考虑对策。

CP 标识

由日本警视厅、国土交通省、经济产业省与民间关系团体举行的"官民合作会议"，经严格测试而批准的建筑物构配件产品标识。

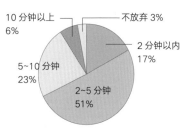

偷盗者放弃入宅行窃的时间分布
来源：（财团法人）都市防范犯罪研究中心，《有关入宅行窃的事态分析调查报告书》，1994 年。

05

浴 室

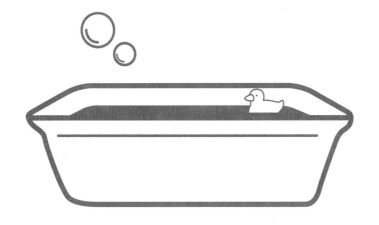

要点

从保护隐私、使用方便及安全性来考虑

1 浴室空间的设计要点

- 除了有视线、声音等隐私保护方面的问题之外，浴室还是家庭室内重大事故的多发场所，因此在设计中要对安全性给予最大限度的重视。本书为了使用方便与安全起见，以较为方便的整体式浴室为基准。

2 功能与要素分类

- 根据泡澡人和浴疗人的各种需求，总结出浴室中的生活行为与相关物品的关系：

生活行为	相关物品
烧洗澡水	加热遥控器、浴缸盖
泡在浴缸里	浴缸、扶手
放松娱乐	电视、音乐、喷淋设备等
清洗身体、头发	浴室座椅、浴桶、毛巾（挂钩）、淋浴、水龙头、镜子
擦拭身体	毛巾（挂钩）
干燥洗涤物品	通风干燥烘干机、挂衣杆
保管	香皂、洗发用品等
空调（通风、取暖设施）	换气扇、窗户、通风干燥烘干机

3 标准平面布局

- 采用整体浴室，可以根据不同的建筑结构及工法、模块组合成各种尺寸变化，常用浴室内径尺寸（短边 × 长边）来标示。浴室的面积，在"住宅性能评价及照顾老年人等对策等级"中也有规定，可以参见右表。

浴室的标准平面布局（1818尺寸，装配化模块用）

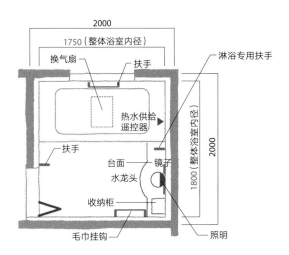

具有代表性的整体浴室尺寸

尺寸（名称）	面积 /m²	内径尺寸 /m		性能评价等级
1216	1.92	1.20	1.60	—
1616	2.56	1.60	1.60	5
1620	3.20	1.60	2.00	5
1624	3.84	1.60	2.40	5
1818	3.15	1.75	1.80	5

※ 照顾老年人等对策等级 5: 短边内径尺寸 1.4 m 以上，室内面积 2.5 m² 以上

等级 3: 短边内径尺寸 1.3 m 以上，室内面积 2.0 m² 以上

1 在坐式 600 mm、立式 750 mm 处设置 4 个扶手

考虑到安全性与老年人

1 浴室设置楼层

● 在有老年人卧室的楼层，请务必设置浴室。将浴室设置在卧室的临近位置比较方便，但是必须预先采用隔音措施，例如，用隔音性能较好的隔墙等。

2 出入口门扇有效宽度在 800 mm 以上

● 请设置无高差（5 mm 以内）的浴室出入口地面，请确保门扇有效宽度在 800 mm 以上（照顾老年人等对策等级 5），如果按照等级 4、3，分别为 650 mm、600 mm。

● 门的样式可以参见"05 浴室 2-1"。

3 休克的对策

● 为了缓和体温的剧烈变化，特别是在冬天，请在进入浴室泡澡之前，用浴室通风干燥取暖器等使浴室变暖，然后再入浴。也可以根据浴室平面布置图研讨其他相关对策（参见"10 主卧 3-3"）。

4 扶手的设置

● 请设置确保浴室安全的必需的扶手（参见下面的（1）~（4））。即便是整体浴室，也并非所有的产品都是标准模数，请根据需要选择。

（1）请在出入口 FL+750 mm 处（扶手下端）设置长度在 600 mm 以上的出入浴室用的扶手。

（2）如果采用坐浴的方式，请在坐浴旁设置纵向扶手。坐着与方便使用的扶手应设置在 FL+600 mm 处（扶手下端），长度在 800 mm 以上。也可以作为站式淋浴的防滑扶手使用。

（3）跨浴缸时容易摔倒，请在浴缸附近的位置设置纵向扶手。也可以兼用为（1）中的扶手。跨浴缸用的扶手尺寸请设置为 400 mm。

（4）请以浴缸为中心，在附近 200 mm 左右的位置，设置 L 形或横向扶手，目的是方便在浴缸内外的身体平衡与坐浴。请确认扶手位置不妨碍窗户与浴缸盖开关。

扶手的种类与设置实例

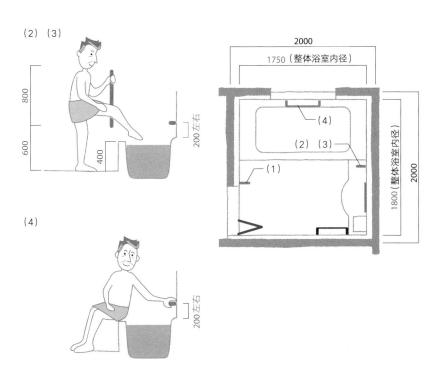

根据照顾老年人等对策等级，等级 5 要求设置除了（1）以外的其他扶手，等级 2~4 要求设置（3）中扶手。另外，如果能够设置方便在浴室内走动的横向扶手（FL+750 mm），会更让人安心。

⌂2 0.8 m×1.6 m 的尺寸方便护理洗浴

需要护理的程度不同，对浴室的使用功能与空间的需求也有所差别。如果给可以自行站立但是步行困难（有负重），入浴需要座椅等的人士使用，在设计时注重浴室的使用方便性。

1 出入口的门扇样式

● 如果浴缸横对着出入口，那就不需要转向，直行即可。

● 内开门开关时要占用较大的空间，当浴室里有人摔倒或正在坐浴时，很不方便开关门扇。

● 推拉门在开关时都不需要移动身体，适合老年人，但是如果朝着洗脸台方向推拉，就需要注意洗脸台旁物品的放置。如果采用 2~3 扇的推拉门，便能够确保浴室内的有效使用面积。

● 折叠门是最为标准的门扇式样。虽然它有更为紧凑的尺寸，但是其有效宽度最好在 600 mm 以上。

2 确保护理空间

● 如果浴缸后侧有 400 mm 左右的空间，从身体后侧护理入浴就比较方便。但整体浴室很难保证空间大小，因此要灵活使用移动台等护理用品。

● 如果浴室宽度为 0.8~1.2 m，进深在 1.6 m 以上，就可以使用坐浴，从侧方或后方护理都比较方便。一般而言，1616 尺寸的整体浴室的洗浴面积为 0.8 m×1.6 m，1620 尺寸的整体浴室的洗浴面积为 1.2 m×1.6 m，1818 尺寸的整体浴室的洗浴面积为 1.0 m×1.8 m。如果是 1616 尺寸的整体浴室，请从后方护理入浴，如果是 1620 尺寸的整体浴室和 1818 尺寸的整体浴室，还可以从侧方护理入浴。

出入口与洗浴场所的位置关系

如果需要坐浴，门扇的有效宽度应在 800 mm 以上

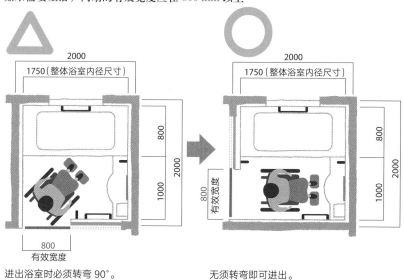

进出浴室时必须转弯 90°。　　　　　　　无须转弯即可进出。

护理空间

1616 尺寸的整体浴室方便从身体后侧护理。　　1620 尺寸的整体浴室方便从身体侧方护理。

3 避免采用超过浴缸宽度（约 800 mm）的窗户

1 设置窗户的注意事项

- 为了确保通风与采光，请在考虑室外视线后将窗户设置在方便开关的位置。请注意，入浴时如果能从室内看到室外（有开放感），那么此时一般也能从室外轻易地看到室内。

- 浴室的窗户一般都在与浴缸连接的外墙面上。虽然可以沿着浴缸的长边方向设置较大的窗户，但是跨过浴缸（约为 800 mm）开关窗户不太方便，还可能跌落到浴缸中。虽然沿着浴缸的短边方向只能设置较小的窗户，但是优点是开关窗户比较方便。如果二楼有浴室，即便设置了防跌落的窗户（窗台高度在 800 mm 以上），还是有踩到浴缸边缘跌落的危险，建议采用格子窗户。

  ※ 有关窗户的种类，请参见"03 卫生间 4-2"。

2 对隐私保护的考虑

- 与盥洗室一样，这类空间也要最大限度地保护隐私（参见"04 盥洗室 5-2"）。

- 特别是，如果采用推拉窗这种比较大的窗户，请与邻居家的窗户错开设置。如果浴室的窗户靠近外墙角，要考虑外观与隐私保护，在条件好的方向设置窗户。与盥洗室一样，窗户高度超过 GL+2.0 m 时，就很难被偷窥，在防范犯罪方面是有效的。

- 如果浴室与卧室相邻，建议在中间设置收纳间隔，选择隔音性能好的间壁墙等必需的隔音设施。

设置窗户的注意事项

沿着浴缸长边方向设置时

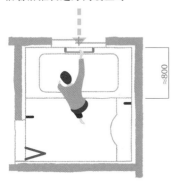

从洗浴处开关很不方便。推拉窗也
很难遮挡视线。

沿着浴缸短边方向设置时

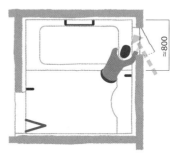

从洗浴处开关很方便。把窗扇完全
打开也能遮挡视线。

对隐私保护的考虑

对视线的考虑（外墙角浴室的开窗）

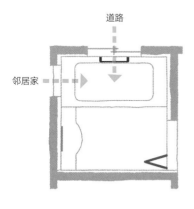

在外墙角处的浴室，可以根据周边环
境确定窗户的朝向。室外高度超过
2.0 m 的窗户就不容易被偷窥。

对声音的考虑

收纳室的隔音效果根据收纳物品的特点及数量而不
同。如果能够同时采用隔音间壁会更好。

专栏　冷冰冰的浴室与热腾腾的洗澡水

据统计，家庭内部的意外事故大约有三成都发生在浴缸里。

入浴时失去知觉而溺死在浴缸中。这其中的原因之一，便是冷冰冰的浴室（更衣室）与热腾腾的洗澡水之间温差较大，而人们又习惯让洗澡水没过肩膀。浴缸内的水温与盥洗室、浴室的温度差，导致身体跟不上这种变化，因而发生"休克"，此时人体血压急剧变化，引起脑部缺血和心肌梗死，成为休克的导火索。

冬天的浴室对老年人尤其危险。在入浴死亡的人群中，少数是住在冲绳县等气候温暖地区的人士和住在寒冷的北海道但取暖设施完备地区的人士。

为了减少休克死亡的事故，在洗浴前，应事先在浴室（更衣室）开启取暖设备。如果没有取暖设备，请最好不要泡澡，或者开盖加热浴缸里的洗澡水，做好热身准备。

另外，为了以防万一，可以在洗澡时事先与家人打个招呼，或者在浴室内通话，设置具有预警功能的洗澡水加热遥控器等。与家人合作，相互照应，这很有必要。

06

和　室

要点

明确用途，考虑与相邻房间的连接

1 和室的设计要点

- 设计和室时，重要的是明确它的用途。和室有多种不同的风格：可以用作单间和客房的独立和室、两间相连的和室，以及与起居室相连的和室等，都需要认真考虑。另外，和室有很多独特的使用习惯及规定，请在设计时一并考虑。

2 功能与要素分类

- 请考虑最适合自己家的和室风格。

  • 作为单间使用

生活行为	相关物品	附属空间
休闲、兴趣	电视、音乐、电脑、矮桌、座椅、坐垫	和室、铺地板的房间、厢房
就寝	床、榻榻米、卧具	和室
穿衣打扮	衣物、化妆台、衣柜类	收纳空间、和室
保管	衣柜、衣服、寝具	收纳空间、壁橱

  • 作为客房使用

生活行为	相关物品	附属空间
接客、法事	佛坛、神像、矮桌、坐垫	收纳空间、和室、佛龛
装饰、趣味	节日装饰品、挂轴、花、装饰物、茶道、花道、炉子	壁龛、和室、茶室
保管	坐垫、节日装饰品	收纳空间、壁橱

3 标准平面布局

- 图示为用作客房和单间的规划实例。如果用作客房，请考虑设置铺设地板的附属空间，以及铺设榻榻米的方式。如果作为单间使用，除了被褥收纳以外，还需要增加收纳空间。

和室的标准平面布局

8张榻榻米的和室（用作客房）

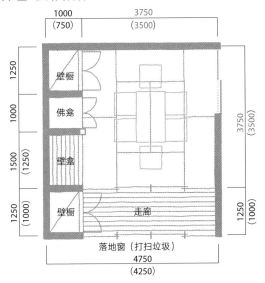

6张榻榻米的和室（单间）　　　　　（用作客房）

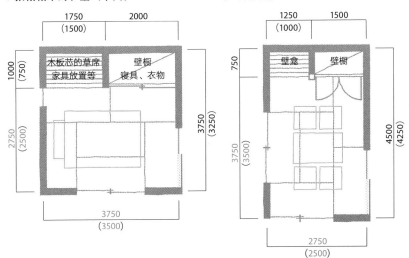

1 用面积 ×0.605 或面积 ÷1.62 表示榻榻米张数

必要空间

下面介绍的是将房间面积换算成榻榻米张数的方法，以及用作客房或单间时，满足"就寝、接客、收纳"等最低使用功能的各种空间尺寸。

1 榻榻米张数的换算方法

● 一般根据"室内面积 ×0.605= 榻榻米张数"来计算，但是根据"不动产表示方法之公平竞争规约"规定 1 张榻榻米的面积大小为 $1.62\ m^2$ 以上。用两种方法计算均可。

例如，$3.75\ m×3.75\ m$（室内面积 $14.06\ m^2$）的房间，用面积乘以 0.605，就计算出 8.5 张榻榻米，如果用面积除以 1.62，就计算出 8.6 张榻榻米。

2 就寝空间

● 1 套被褥必需的空间大小为宽 1.5 m、进深 2.4 m。另外，被褥周围还需要有行走的空间，铺设 2 组被褥必需的空间大小为宽 3.6 m、进深 3.2 m。

3 接客空间

● 入座需要的宽度是 0.6 m，4 人围坐需要的宽度是 1.2 m（1.35 m），6 人围坐需要的宽度是 1.8 m。桌子进深为 0.8 m。另外，在坐垫后方及桌子周围，还需要保留接待客人的行走宽度，入座或寒暄都比较方便，请确保有 0.6 m 以上的空间。

4 收纳空间

● 用途不同，所需要的收纳量也有很大不同（参见"06 和室 4"）。

榻榻米张数换算实例

用面积乘以 0.605，计算出榻榻米张数

横\纵	2.5	2.75	3.0	3.25	3.5	3.75	4.0
2.5	3.8	4.2	4.5	4.9	5.3	5.7	6.1
2.75	4.2	4.6	5.0	5.4	5.8	6.2	6.7
3.0	4.5	5.0	5.4	5.9	6.4	6.8	7.3
3.25	4.9	5.4	5.9	6.4	6.9	7.4	7.9
3.5	5.3	5.8	6.4	6.9	7.4	7.9	8.5
3.75	5.7	6.2	6.8	7.4	7.9	8.5	9.1
4.0	6.1	6.7	7.3	7.9	8.5	9.1	9.7

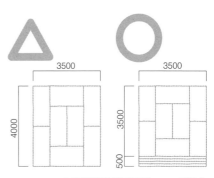

8 张榻榻米是按照纵横 1∶1 铺设的

换算表中的 8 张榻榻米相当于铺设 8 张榻榻米的室内面积，房屋形状不一定是正方形。但是如果纵横长度之比过于悬殊，就会导致铺设榻榻米时形状歪斜，不自然。因此，8 张榻榻米可以按照 1∶1，6 张榻榻米可以按照 3∶4 的比例进行调整。

坐垫、矮桌的必要空间尺寸

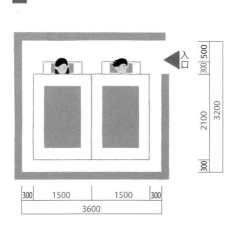

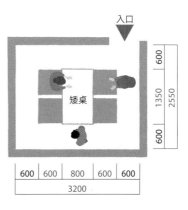

被褥需要较大的空间。如果放置沙发，需要在前部预留空间；如果放置坐垫，需要在后部预留空间。

② 京间（955 mm×1910 mm）与 江户间（880 mm×1760 mm）

附带空间

　　和室中有很多传统的规则与约束，在设计中应该理解这些制约因素并将其反映出来。下面将总结应该了解的最基础知识。

1 榻榻米（大小与铺设方法）

- 在室町时代，以京都为中心，诞生了以立柱为基准的"叠割"工法。到了江户时代，以关东地区为中心，诞生了在由立柱构成的内侧铺设榻榻米的"柱割"工法。前者被称为"京间"（即京都式样，955 mm×1910 mm），后者被称为"江户间"（即江户式样，880 mm×1760 mm），还有被称为"中京间"的其他尺寸的榻榻米房间。现在以"柱割"为中心，尺寸模数、墙体厚度都不一样，一张榻榻米的大小也不尽相同。

- "庆祝仪式铺设"，指的是用"T"字铺设方式拼接榻榻米，"非庆祝仪式铺设"指的是用"十"字（四眼）铺设方式拼接榻榻米。由于很难正确拼接榻榻米，所以应尽量避免"非庆祝仪式铺设"。但是，现在重视设计，有很多铺设成"四眼"的实例。

- 如果是 4.5 张榻榻米，中间的半张如同被拦腰截断，有时人们会有所忌讳。另外，如果将榻榻米拼接成"卐"字，总觉得会带来厄运。

- 被称为"床插"的铺设方式，指的是将榻榻米的短边方向对着壁龛，应尽量避免这种方式。

2 走廊

- 走廊可以作为通往和室的道路，还可以作为简单的接待空间。尽管众说纷纭，但是一般把宽度在 1.2 m 以上的称为宽走廊（参见"06 和室 5"）。

榻榻米的铺设方法

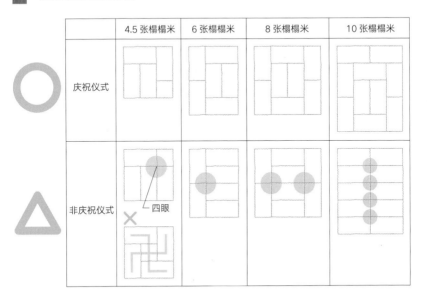

	4.5 张榻榻米	6 张榻榻米	8 张榻榻米	10 张榻榻米
庆祝仪式				
非庆祝仪式	四眼			

"床插"铺设方法

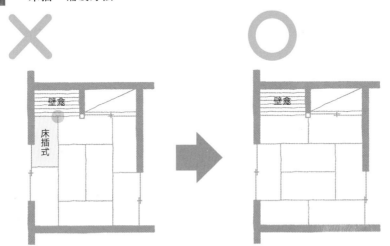

有时,在茶室中采用"床插式"也没有问题(参见第 100 页)。

3 壁龛

- 请规划好和室的面积与合适的尺寸。壁龛宽 1.0 m，进深 0.5~0.75 m，这种大小较为合适。

- 自古以来，壁龛的位置都会避开北风和西照，设置成南向或东向，如今也应该这样布置。

- 靠近壁龛的位置被称为上座，而与出入口相邻的位置被称为下座，请务必注意。

- 壁龛周边有不同的架子、地柜、顶橱时，请把不同的架子的上半段设置在壁龛侧边。

4 佛堂

- 与壁龛类似，设置为南向或东向比较好。如果佛堂的上方是屋顶，原则上不能用脚踩。

- 佛堂的面宽取决于佛坛内供奉物品的容量（是打开佛坛门扇时的容纳量，还是佛坛门扇在佛堂外侧打开时的容纳量），有必要进行确认。若设置一般面宽 1 m 的佛坛，必须保留面宽 1.0 m× 进深 0.75 m 以上的空间。是否需要佛堂门扇和有关式样（旋转轴开启方式），要事先确认。

- 请不要将和室的出入口设置在佛堂前。

5 神龛

- 如果搭设架板，请将其与壁橱的顶橱相连。请一定避免将其朝向佛坛或放置在佛堂上。

6 其他

- 天花板上的横向木龙骨与搁板等应避免使用前述的"床插式"。为了确保天花板材料在施工中没有接头，请事先确定天花板材料的定尺长度。

- 如果是两间连续的和室，有壁龛的和室应居于上位。4 个隔扇的中间 2 个，应朝向有壁龛的和室。

壁龛的宽度与进深

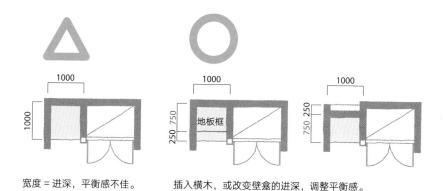

宽度＝进深，平衡感不佳。

插入横木，或改变壁龛的进深，调整平衡感。

壁龛、佛堂与出入口之间的位置关系

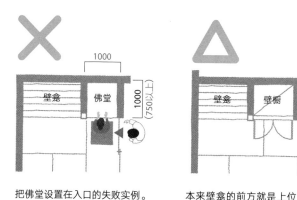

把佛堂设置在入口的失败实例。

本来壁龛的前方就是上位，但是由于
设置了出入口，就变成了下位。

③ 地板高差在 5 mm 以内

考虑到安全性与老年人

在使用单间时，不仅要考虑安全，还要考虑减少日常生活的负担，这种考虑是非常重要的。

1 高差

- 根据 JIS（日本工业标准）的规定，榻榻米地板的厚度为 55 mm、60 mm。随着薄地板的普及，地板的厚度也有所变化，施工也趋向于简单化。如果有数厘米的高差，会有难以预知的危险，因此地板高差应控制在 5 mm 以内。

2 出入口门扇

- 开关方便的推拉门很适合和室的设计。如果安装了防止摔倒用的扶手会更让人安心（参见"03 卫生间 2-5"）。
- 如果将门扇收在榻榻米的长边里，榻榻米的接缝处和周边都无法用脚踩。

3 收纳及其他考虑

- 为了减轻将被褥搬上搬下的负担，可以在壁橱的下方设置带脚轮的被褥架，请确保中间搁板的高度有 800 mm。壁橱的门扇可以向两边推拉或者设置成三个隔扇，大的面宽比较方便存取物品。
- 衣柜一般放在储藏室里。如果放在室内，就要在远离出入口、就寝位置的榻榻米草席上，做好防滑措施。
- 对老年人而言，开关门扇会使身体负担加大，因此应选择一些设备，例如，设置大号把手或电动装置，以方便日常生活（其他请参见"10 主卧 3"）。

出入口榻榻米的铺设方法

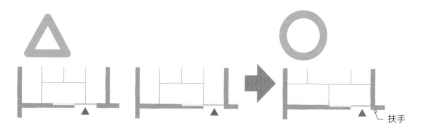

图示中，榻榻米的接缝处和周边都不方便行走，还容易踩坏榻榻米的实例。

外观漂亮，也方便行走的实例。如果有扶手就更好了。

在和室中设置储藏室的实例

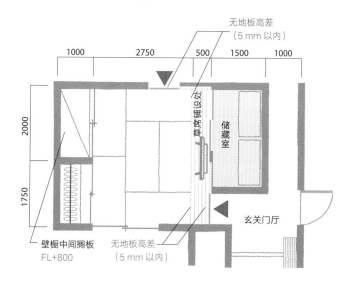

设有被褥壁橱、衣物壁橱、衣柜储藏室的实例。也可以考虑将其中一部分空间放置电视机。

4 1.75 m 宽的壁橱，用推拉门扩大使用空间

确保收纳空间

　　根据和室的用途不同，所要求的必需收纳量也大不相同。在作为单间使用时，请规划好装满衣物或生活用品的收纳空间。

1 壁橱的宽度、进深及搁板

- 一般情况下，搁板有"中间柜＋上柜"或"中间柜＋顶柜"几种组合。

- 如果在中间柜放入被褥，也可以最大限度地利用其他空间挂衣服等。此时可以在其下部空间（有效高度为 800 mm 左右）设置抽屉，也可以将其用作收纳被褥的空间。

- 顶柜位于壁橱的最顶部，上面就是天花板，主要收纳平时不常用的较轻的物品，或者安装在室内墙上的空调挂机。上柜在中间柜的上方，由一块横搁板构成，其进深只有中间柜的一半，约 400 mm。上柜与顶柜一样，适合收纳一些轻的物品。

- 为了方便存取被褥，应设计好壁橱的宽度与进深。如果宽度在 1.25 m 以上（内侧有效尺寸为 1.1 m 以上），进深就必须为 1.0 m。如果 1.75 m 宽的壁橱采用左右推拉门，可能会导致有效开口宽度不够，此时壁橱宽度为 2.0 m 会比较合适。如果进深只有 0.75 m，可以采用外开式拉门，以增加开口宽度，灵活使用。

2 作为附属空间的储藏室

- 作为单间使用时，由于仅 2 m 宽的壁橱的收纳空间不够，请设置作为附属空间的储藏室。如果有柜子，请在设计时将其考虑进去（参见"10 主卧 2""12 储藏室、步入式衣柜"）。

抽屉搁板的构成

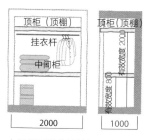

中间柜可以收纳被褥，也可以挂衣物。

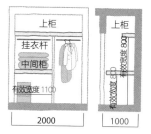

将中间柜设计成收纳被褥的必要尺寸，也可以挂大衣等较长的衣物。

壁橱的宽度、进深与推拉门之间的关系

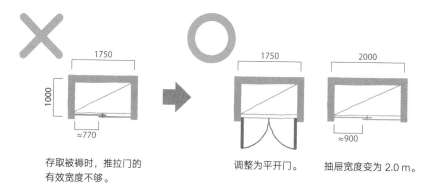

存取被褥时，推拉门的有效宽度不够。

调整为平开门。

抽屉宽度变为 2.0 m。

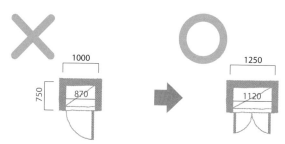

如果用作被褥收纳空间，有效宽度必须在 1.1 m 以上。

5 走廊宽度改为 900 mm 的采光计算

采光通风

由于和室中有壁龛等较多的附属空间，所以它成为设置窗户比较困难的空间。在此，我们针对它作为起居室的通风采光面积、窗户设置等进行研究。

1 窗户设置的注意事项

- 有走廊或两间相连的和室，尤其容易阴暗潮湿。如果有走廊，那么请在入口处设置落地窗。如果将壁橱设置成吊柜形式，可以设置地窗，或想办法设置天窗。如果分别设置了壁龛和佛堂，那么设置开窗也变得比较容易。然而，应注意：由于要确保壁橱的位置，窗户的样式可能有所不同。

2 关于采光面积计算

- 用可以随时打开的拉门隔开的两间和室，如果作为一室使用，就可以计算采光和换气面积。是否可以"随时开放"，要看两室的面宽宽度是否占到一半。

- 如果走廊的宽度不足 0.9 m，在走廊一侧的开窗相当于给相邻的和室增加了有效的采光面积。如果走廊的宽度为 0.9 m 以上，可以通过"走廊一侧窗的面积 ×0.7= 相邻和室的有效采光面积"来计算。如果走廊的宽度为 2.0 m 以上，这个本身就可以算作房间了。更为详细的计算方法可以参考咨询当地行政管理部门，并进行确认。

3 通风的注意事项

- 为了保证良好的通风环境，必须采取有效对策。然而，在阴雨天等湿气较多的时候，榻榻米容易吸收湿气，因此建议使用除湿机等工具。榻榻米是由日本传统纸质材料与化学纤维制作而成的，应注意防止发霉。

安装窗户的注意事项

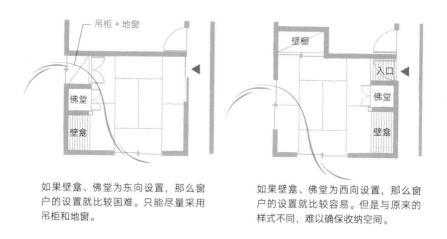

如果壁龛、佛堂为东向设置，那么窗户的设置就比较困难。只能尽量采用吊柜和地窗。

如果壁龛、佛堂为西向设置，那么窗户的设置就比较容易。但是与原来的样式不同，难以确保收纳空间。

测算窗户的有效采光面积

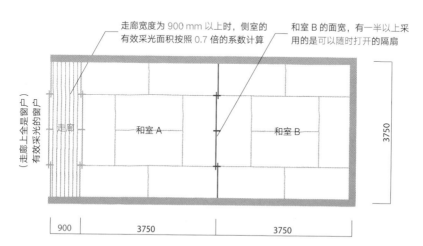

如果只通过走廊一侧的窗户采光、通风，数值是满足基准要求的，但是与走廊相邻的两间和室的光线和空气环境却不算好。请注意在两侧都要开窗。

6 将视线下降 200 mm，设置坐式空间的器具

1 坐式空间照明设备的高度

- 一般在和室房间的正中间设置吸顶灯或吊灯。如果两间和室相邻，有关的电气设备及风格都应该统一。

- 和室是坐式空间，比起居室的视线要低 200 mm。壁龛的地板要比其他房间的低一些，因此吊灯的位置也相应低一些，同时采用地板照明灯具，这样光线的中心下移，可以形成和室独特的氛围。

- 请将壁龛的灯光光源设置成隐藏式。如果采用长条形的灯具为整个房间照明，向下射出的光线会使得放置的物品具有立体感。

2 插座、开关的设置

- 在佛堂中必须设置佛坛使用的插座。如果采用旋转门扇，一般插座就设置在里面，但是如果把开关也设置在插座旁边，使用起来会很方便。壁龛有时候有装饰物品，因此需要设置插座。一般认为，使用和室的大多是老年人，因此，建议插座的高度应该在地板以上 400 mm，开关的高度为 1000 mm，这样拔插都方便。通常选择浅色调，以与和室墙壁的颜色协调。

3 确保空调室内机的位置

- 和室内的空调，只能安置在壁龛、客厅等有限的场所。在设计的时候，需要注意确保空调机位。如果向外排气不方便，请将其放在易于维修保养的位置，可以将空调管隐藏在壁橱内，将空调室外机放在室外不显眼的位置，并考虑外观设计。如果在壁橱的顶柜里设置嵌入式的室内空调，和室的整体氛围都不会受到影响。如果空调宽度超过 1.0 m，这样设置是可行的。

4 感应报警装置

● 如果将和室作为卧室使用，就必须安装感应报警装置。如果作为客厅使用，还应安装温度与烟雾感应报警装置。可以与其他的警报器进行联动设置，这样效果更好（参见"07 厨房 4-4"）。

电气设备的安装实例

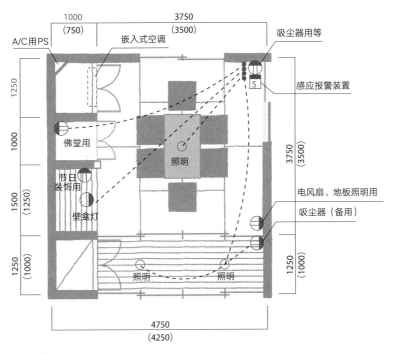

和室的天花板一般有平天井、竿缘天井、船底天井，请注意有时不方便安装天花板照明灯。

专栏　茶室炉与壁龛、榻榻米的关系

茶道有很多流派。下面简单介绍一下常见的茶炉、壁龛与榻榻米之间的关系。

一般茶室是用四张半榻榻米拼接的，壁龛在北侧，中间放置茶炉，这种布置被称为"四张半榻榻米任意拼接"。如果把壁龛设置在南侧，也就是把壁龛放在下首，这种布置就被称为"四张半榻榻米任意拼接，壁龛在下首"。而且，不同的铺设方式，决定了主人与客人不同的进出席间的方式。

榻榻米的铺设方式，根据季节变换而不同。11月至次年4月末采用"风炉"，即将明火引入，加入茶釜。这个时候，不管是在"四张半榻榻米任意拼接，壁龛在下首"，还是在"8张榻榻米拼接"茶室举行茶会，壁龛位置不同也没有关系。

◎ 四张半榻榻米任意拼接

◎ 四张半榻榻米任意拼接，壁龛在下首

◎ 四张半榻榻米任意拼接，采用风炉

◎ 8张榻榻米拼接，举行茶会

07

厨　房

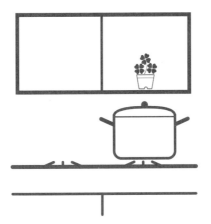

要点

方便收拾和高效完成家务活的行走路线

1 厨房的设计要点

● 如今以 LDK(起居室、餐厅、厨房一体化空间）为中心来设计厨房，厨房正从隐藏的空间变成充满魅力的空间。在厨房整体设计中，应设计出收拾起来不费力、行走路线有利于高效完成家务活、外观与实用功能兼备的厨房空间。

2 功能与要素分类

● 厨房作为家务活比较集中的场所，其中的生活行为与相关物品的关系如下。

生活行为	相关物品
烹调	厨房用具、烹调器具、食品（冰箱、食品库）、餐具（餐具架）、烹饪电器（微波炉、电饭煲、电热水壶、烤面包机等）、垃圾桶
备餐	备餐台面、餐桌
收拾、打扫	厨房用具、洗碗机、洗涤剂、吸尘器、垃圾桶、厨房门
保管	冰箱、食品柜、食品库（食品、饮料、调味料等）、地板下收纳空间
通风	换气扇、窗户、火灾报警器
其他	轻食、会话

3 标准平面布置图

● 作为主角的厨房，在布置上应利用收纳物品及冰箱等，进行烹饪、备餐、整理活动，以更加高效快捷地完成家务。在设计中，还应考虑与餐厅、盥洗室相邻，这样会比较方便。

厨房的标准平面布置

附着式厨房的实例

开放式厨房的实例

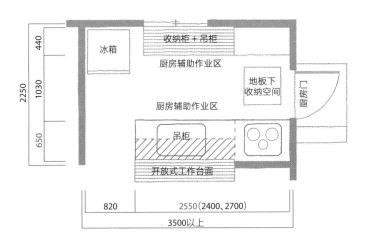

1 确保行走路线在周长为 3.6~6.0 m 的三角形之内

必要空间

对于厨房的平面布置，根据就餐的人数不同，出入口的设置及房间进深都应有所不同。在设计中，应遵循必要的尺寸要求，提高厨房的作业效率。

1 厨房的空间设置

- 厨房的宽度以 150 mm 为单位规格，多采用 2.4 m、2.55 m、2.7 m 等尺寸。厨房越宽敞，烹调空间越大，收纳物品的数量也就越多。厨房的进深一般是 650 mm，但是如果是岛式厨房（炉灶布置在中央），进深有时候也会超过 1 m。

- 厨房的工作台面高度以身高 ÷2+5 cm 为基准（参见下图）。

- "L" 形厨房面宽可能有些狭窄，看上去比较华丽，这是优点，但值得注意的是，厨房的转角部位利用起来比较困难，冰箱、收纳柜的设置也有些麻烦。

- 厨房家电及餐具柜（辅助作业空间），应设置在主要作业空间的另一侧，最好能确保同样的宽度。如果实在没有多余空间，请确保 1.8 m 的空间（例如：家电柜＋餐具柜）。进深以 440 mm 为基准。

- 垃圾桶的空间，以 300 mm×750 mm 为基准。厨房门的位置也要一并考虑。

厨房工作台面的高度

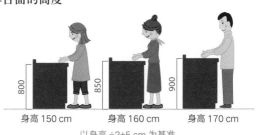

| 身高 150 cm | 身高 160 cm | 身高 170 cm |
| 800 | 850 | 900 |

以身高 ÷2+5 cm 为基准

厨房的必要空间尺寸

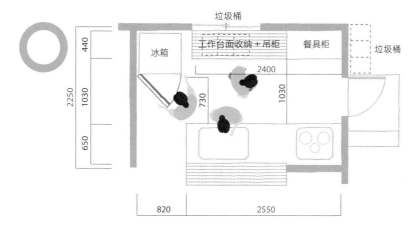

如果进深为 2 m，那么冰箱前面的空间就太窄了。进深为 2.25 m 时，确保厨房与辅助作业空间的间隔有 1.0 m，使用起来会很方便。

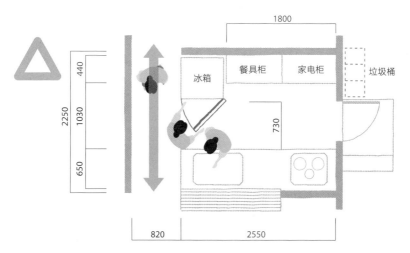

如果在厨房里设置横向的行走路线，那么冰箱开门后的空间很难被利用。即使要减少收纳空间，最少也要保证收纳空间有 1.8 m。

- 冰箱需要的宽度和进深为 0.7~0.75 m，设计时要考虑电器散热的间隙。另外，在搬入冰箱时，要考虑入室搬运路线和开启门的方位。一般而言，辅助作业区与冰箱要放在最里面，虽然进深不同，但是请注意整体设置协调，这样才能使用方便，外观优美。

- 由于冰箱中的饮料经常被拿进拿出，冰箱的放置位置也要考虑方便从餐厅使用。如果把冰箱放在炉子的背面，就离餐厅较远，烹调食物的路线重复，容易发生危险，应尽量回避。

2 作业、行走路线

- 冰箱、炉子及洗碗池三者构成三角形行走路线，厨房的作业效率与此三角形密切相关，并可以由此进行评估。合适的长度分别是：冰箱到炉子的距离为 1.2~2.7 m；炉子到洗碗池的距离为 1.2~1.8 m；洗碗池到冰箱的距离为 1.2~2.1 m，合计为 3.6~6.0 m，这样使用起来比较方便。如果三角形的一边过长，就会行走太多，从而导致短边上的烹调与备餐的空间不足，开关门扇与烹调也比较困难。因此，应保证到三角形的各边只需要移动2~3 步的距离即可，这样才能方便高效。

- 厨房与辅助厨房之间的作业距离为 1.0 m，最少也要保证 0.8 m 的距离。如果是两个人一起作业，1.3 m 的距离最为合适。

- 厨房通往餐厅的路线，要求不妨碍备餐，宽度为 0.8 m 以上。此外，清运垃圾和搬运食品都要求厨房的出入口设置较为方便。

三角形的行走路线

A	冰箱 ↔ 炉子	1.2 m~2.7 m
B	炉子 ↔ 洗碗池	1.2 m~1.8 m
C	洗碗池 ↔ 冰箱	1.2 m~2.1 m
	A+B+C	3.6 m~6.0 m

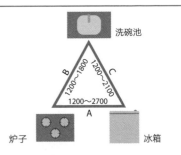

冰箱的布置与三角形的行走路线

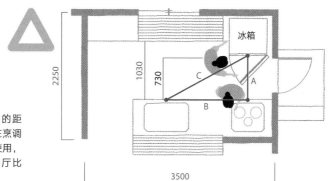

冰箱与炉子之间的距离太近（A）。在烹调食物时，不方便使用，有危险，且离餐厅比较远。

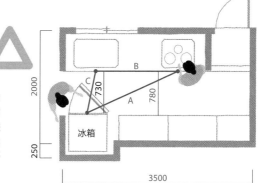

洗碗池与冰箱之间的距离太近（C）。作业道路比较狭窄。进深应由 2.0 m 优化为 2.22 m。冰箱门的开启方向很难决定。

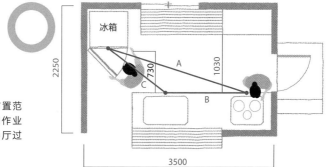

图示为标准的布置范例。冰箱在烹调作业区域之外，从餐厅过来也比较方便。

2 并列放置家电的柜台长度在 1.5 m 以上

确保收纳空间

厨房里使用的物品的种类、用途、形状都大不相同。在制订收纳计划时，应考虑各类物品的使用频率和操作步骤，以方便使用。厨房的独立性越强，收纳计划就越容易制订；厨房的开放感越强，收纳计划越不容易制订。开放式厨房在外观上的确很漂亮，但是为了维护方便，也要制订收纳计划。

1 收纳场所与使用的便利性

- 在厨房里，还有辅助厨房、橱柜、其他收纳空间等。并不是要把所有的必需品都塞在厨房才好,制订收纳计划,把不同的材料收纳到合适的位置,才是最重要的。

- 身高 160 cm 的人，收纳高度为 32 cm 以下时需要下蹲，收纳高度为 32~64 cm 时需要弯腰。抽屉的最大长度是 144 cm，物品的最大长度是 184 cm。因此，高度在 64 cm 以下和超过 184 cm 的物品，属于使用频率较低且较重较大的物品。应制订好高度为 64~184 cm 物品的收纳计划，以方便使用。

2 厨房中橱柜的收纳

- 洗碗池下方的空间可以收纳锅具、碗等餐具；在炉子的下方空间，可以收纳锅具、平底锅等餐具；在烹调空间的下方，可以收纳小的餐具和其他器具，这样靠近作业空间，使用非常顺手。

- 吊柜的标准高度是 700 mm，但是上面用手够不着不太方便，不能收纳频繁使用的厨房物品。如果采用自动升降工具，让柜子升降（见右页图），使用范围会更广，出入更安全。

■ 收纳物品与高度之间的关系

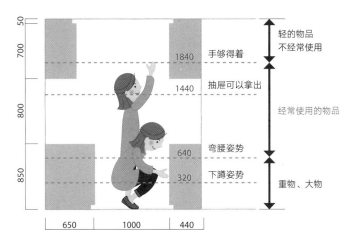

如果仅仅依靠工作台面的内部空间进行收纳，对常用的收纳高度为 64~184 cm 的物品的收纳量不足。

■ 厨房橱柜的收纳实例

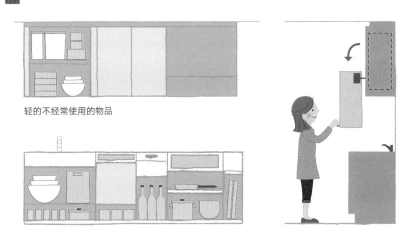

轻的不经常使用的物品

在经常使用的地方，按照作业流程来收纳物品。如果不需要放置洗碗机，其空间可用于收纳。

3 餐具收纳

- 可以采用高脚柜、台面和吊柜组合收纳。采用高脚柜进行收纳，收纳物品多，但是容易给人压迫感。采用厨房的台面柜子收纳，容纳不了太多东西，如果厨房还设有窗户，家电与烹调器具就只能放在临时场所，但是这样比较方便且具有开放感，进深需要 440 mm 左右。

4 家电收纳

- 家电柜可以把电饭煲、电热水壶等都收纳进去，同时在设计位置时，应注意防止水蒸气凝结。用抽屉柜比较方便。宽度为 600 mm 以上。
- 经常使用的家电（例如微波炉、电饭煲、电热水壶、面包机等），可以并排放置在厨房的工作台面上，需要 1.5 m 以上的台面长度。如果使用吊柜进行收纳，电饭煲需要预留 600 mm 以上的空间。
- 其他方面，如类似电烤炉的大型家电，可以放在工作台面上。小型家电使用频率较低，可以收纳在吊柜里。

5 食品收纳

- 食品库（食品储存盒）主要用来保存食品、调味料、点心、饮料等，非常方便。调味料及罐装食品的收纳，一般都采用小型空间（250 mm 以上），优点是清点比较方便。如果收纳空间进深超过 1 m，取东西就比较困难，这时就要计划使用可移动的收纳柜。

6 地板下方的空间收纳

- 在厨房地板下面的检修空间设置收纳室，需要压紧上盖，在洗碗池的前方做家务的时间长，因此应避开此位置来设置地板下收纳室。厨房地板下的收纳空间比较大，但是对老年人而言，拿取物品比较困难。此空间是边长约为 600 mm 的正方形，深度为 400 mm。

收纳物品与高度之间的关系

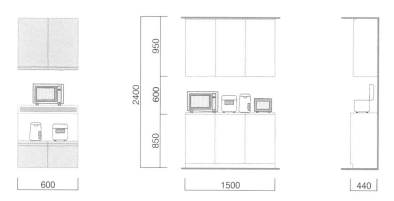

家电，可以放在家电收纳柜里，或者并排放置在厨房工作台面上。放在台面上有开放感，但缺点是物品七零八落，收纳物品数量比较少。

在食品库、厨房地板下设置收纳室的实例

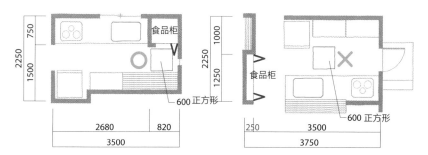

啤酒、大米这类较重、较大的物品，在收纳时，可以采用食品库或食品储存盒，非常方便，也可以考虑放在厨房地板下面的收纳空间中。

类似调味品的轻型物品，可以放在较小的食品储存盒里。不要将厨房地板下面的收纳室设置在洗碗池的前方。

3 防止儿童误入的门栏高度为 500 mm

考虑到安全性与老年人

由炉子引起的火灾，水、油及地板高差导致的跌倒，儿童与老年人被刀刃割伤等，都是多发的家庭室内事故。为了保证家庭成员的安全，为了更快捷舒适地使用厨房，这些方面要多加考虑。

1 室内装饰材料

- 地板材料的选定可以参见"03 卫生间 2-3"。为了防止把地板弄脏，可以铺设垫子，但是垫子也容易使人绊倒。
- 如果厨房中使用燃气灶，请选择特殊的不燃材料进行室内装饰。

2 防止误入的门栏高度大约是 500 mm

- 为了防止儿童误入厨房，设置高度为 500 mm 的门栏比较有效。根据厨房的平面图，在设计时可能有些困难，门栏对老年人而言，是个危险的存在（容易绊倒），有必要引起注意。

3 对地板高差、功能方面的考虑

- 在厨房未铺设地板的地方设置后门（0.75 m×0.5 m），应注意不同地板的高度差，防范危险，请将其设置在烹调食物的行走路线之外。厨房后门主要用于清运垃圾，外观不好看，因此应将其设置在从起居室看不到的位置。在厨房的角落里，设置食品库（柜）与后门，面宽需要 4.5 m。
- 相对于燃气灶，采用电磁炉没有明火，不用担心烧坏衣服等。对于住宅防火而言，这样的设备比较安全。

厨房里采用燃气灶时，对室内装饰的要求

天花板高度为 2.4 m，从燃气灶到天花板的距离是 1.55 m 时，对室内装修的限制范围

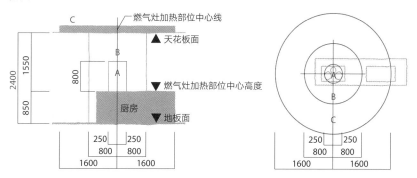

A 距离燃气灶的半径是 250 mm，B 距离燃气灶的半径是 800 mm，C 位于天花板上，半径为 1600 mm。在 A~C 之间，室内装修都会受限，必须采用特殊的不燃材料。

土间附带后门时的防护栏实例

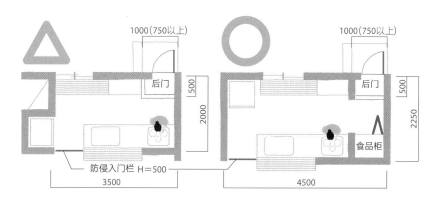

从起居室很难看见厨房的后门，位置设计得比较合理，但是在烹调时，有踏空的危险。

在烹调的行走路线外，设置厨房后门，这样能够保证安全使用。厨房的面宽需要 4.5 m。

4 插座的材料、位置、数量适宜

1 照明设备

- 在厨房中，必须安装整体照明灯具、洗涤用灯具及料理台面灯具、油烟机照明灯具。建议食品料理和洗涤用灯具的照度为 300 lx。

- 在独立厨房或带有吊柜的厨房中，如果天花板与其他空间分开设置，应单独设计厨房。此时，应选择与厨房的形状相匹配的长条形灯具，让光线能够照亮每一个角落。另外，在打开吊柜门时，应注意不要妨碍照明灯具。

- 在开放式厨房中，应在一体化的天花板整体照明图中，注意器具设计、配灯、灯光颜色等。

2 插座

- 请准备 8 个以上的插座，以适应不同用途：家电用、烹调用、冰箱用、就餐用及备用等，并做好接地回路。即使暂时没有安装洗碗机和电磁炉，也要为今后的改装使用而预留插座。

- 如果插座积灰较多，可能会发生火灾。对于厨房工作台面上的家电，插座高度宜为 950 mm，冰箱用插座高度为 1900 mm，应设置在看得见的位置。

3 其他

- 微波炉照明灯具，需要离燃气灶 800~1000 mm，设置在不用担心撞头的高度。此外，为了高效地排气，排气口应设置在厨房与餐厅中不显眼的位置，出风口的位置应适宜，管道的内径为 150 mm。

- 请将室内电话机设置在图示的中间位置，高度（基准线）为 1450 mm。如果热水遥控器与开关等相邻，请调整各自高度与位置，以使外观美观。

4 感应报警装置

- 厨房使用明火时，应设置温度（除差动式以外）感应器或烟雾感应报警器。如果能够与其他的警报器联动设置会更好。
- 如果厨房有天花板，请设置在天花板的中部，烟雾式感应报警器要距离墙壁 600 mm；如果设置在墙壁上，天花板的下方距离应为 150~500 mm。感应器与换气扇、空调室内机的间距为 1500 mm，与照明灯具的间距有时也要预先设定。
- 设置标准应符合国家的相关规定。

电气设备的安装实例

设置吊柜、开放式工作台面时

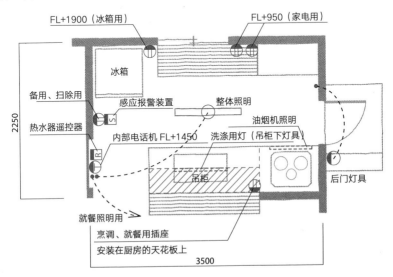

专栏　厨房又冷又热

　　厨房一般是封闭的室内空间，空调的风难以到达，又容易受到烹调电器及冰箱等大型家电的散热影响，因此比较闷热。在夏天，烹饪者甚至容易出现中暑的症状，厨房实在是"残酷"的空间。如果有窗户，还可以通风；如果没有窗户，就必须采用空气循环机，使厨房内的空气循环流动。

　　在烹调食物的过程中，如果使用换气扇，请把距离换气扇较远的窗户打开，这样空气流动效果较好。但是，如果室内有空调冷风，就会把冷风一起排出去。如果从较近距离的窗户换气，冷空气的排出量就会减少，因此，厨房内部必须设置一处以上的门窗洞口。

　　解决厨房的寒冷问题也非常重要。冬天的清晨，厨房里冷得寸步难行。如果在行走路线上设置取暖器，有发生火灾的危险，因此在厨房设置地暖，是让人非常舒服的。

　　在厨房的规划设计上下功夫，能够改善厨房的生活环境。一般而言，开放式的厨房工作台面可以设置在炉灶的外侧，但是如果有隔墙，就可以在外侧墙壁上开门窗洞口。落地窗（清运垃圾）的面积是普通厨房后门的3倍，因此可以形成开放明亮的空间。

　　如果与厨房相邻的盥洗室设置的是推拉门扇，可以将其打开，不仅不会妨碍厨房的室内活动，而且会有助于提高通风效率。

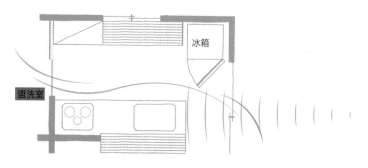

08

餐 厅

要点

四口之家也要考虑设置能坐下 6 个人的餐桌

1 餐厅的设计要点

● 随着居家生活的多样化，餐厅已经不仅是吃饭的地方，而且是家庭成员聚集的地方，这方面的功能还将进一步加强。因此，应结合餐厅中的生活行为，综合考虑餐厅的用餐功能、厨房与起居室的功能。

2 功能与要素的分类

● 就餐以外的功能也要考虑，整理出的生活行为与相关物品之间的关系如下。

生活行为	相关物品
饮食	餐桌、椅子、烹饪电器类、烹调工具（炉灶）等
学习、家务	餐桌、椅子、电脑、打印机、文具、印章、熨斗（台面）、缝纫机
放松娱乐	桌子（餐桌）、椅子、电视、音响（收音机）、报纸、杂志、书籍
接客	餐桌、椅子、电话、传真、室内电话
装饰	装饰画、摆设、花、搁板
保管	家务用品、药品类、旧报纸、工具类、书籍

3 标准平面图

● 要考虑厨房与起居室之间的关系，应确保餐桌与其周围环境之间有一定的活动空间。至于餐桌，即使家庭成员只有 4 人，考虑到双方的父母亲、来访客人等，可能还会增加 2 人，因此需要设计 6 个人的空间。由于餐厅的收纳空间比餐厅本身还要使用频繁，请确保有足够的收纳空间。

■ 厨房里采用燃气灶时，对室内装饰的要求

隔墙式厨房的平面图例

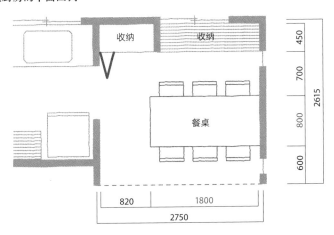

开放式厨房的平面图例

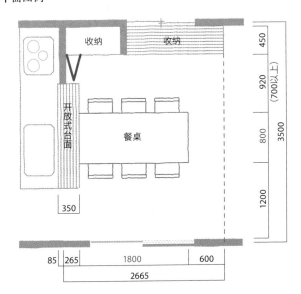

1 餐桌周边的主要行走路线宽 0.8 m，备餐 0.6 m

必要空间

餐桌的大小、形状、摆放位置及餐厅与厨房之间的位置关系不同，餐桌周边的空间尺寸也有所不同。作为日常生活中心的餐厅空间，应设计成使用起来毫无压力的尺寸。应考虑使用起来轻松方便。

1 餐桌空间

● 如果按照一人份备餐，必要的宽度是 600 mm，进深是 400 mm。标准的餐桌大小：如果是长方形的桌子，4 人用 1.2（1.35）m×0.8 m，6 人用 1.8 m×0.8 m；圆形餐桌，4 人用直径为 900 mm，6 人用直径为 1300 mm。

● 两条腿的餐桌，短边不方便坐下，但是从长边离席出入则互不妨碍，畅通无阻。4 条腿的餐桌，短边方便坐下，但是从长边一侧离席出入时，需要将座椅挪动较大的幅度。

● 保证进餐时坐姿良好的台面高度为身高的 1/4，双脚稳定地踏在地面上的高度为 400 mm；餐桌的高度以 700 mm 为基准，并与肘部成直角。

2 动作、行走路线

● 坐椅子的必需空间是 600 mm；如果坐有扶手的椅子，需要的空间会更大，750 mm。备餐的行走路线宽 600 mm，但是如果椅子的后方是备餐的活动空间，餐桌与椅子后方之间的空间应确保在 1.0 m 以上。厨房及起居室的主要行走路线宽度在 800 mm 以上，如果椅子的后方是行走路线的空间，那么其与餐桌之间的距离就要确保在 1.2 m 以上。

3 收纳空间

● 为了保证在收纳时能够弯腰，请预留 700 mm 以上的活动空间。

餐桌尺寸

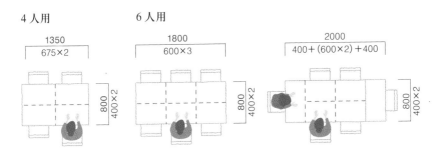

4 人用

1350
675×2

800
400×2

6 人用

1800
600×3

800
400×2

2000
400+（600×2）+400

800
400×2

4 人用的餐桌长 1.35 m，方便物品来回转移。
6 人用的餐桌以 1.8 m×0.8 m 为基准考虑比较好。

餐厅的必要空间尺寸

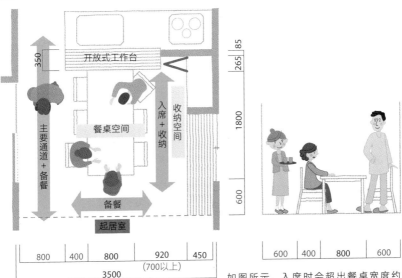

开放式工作台

餐桌空间

入席 + 收纳

收纳空间

主要通道 + 备餐

备餐

起居室

800	400	800	920	450
			（700以上）	

3500

350

85
265
1800
600

600	400	800	600

如图所示，入席时会超出餐桌宽度约 400 mm，如果座椅后面需要预留备餐空间，总距离就是 0.4+0.6=1.0（m）。如果还作为主要通道使用，就需要预留 0.4+0.8=1.2（m）的距离。

2 开放式台面的高度为 FL+1.1 m

1 与厨房的连接方式

半开放空间 (3.5 m×3.0 m)

● 这是一种通过开放式工作台将厨房联系在一起的形式。利用工作台，可以提高备餐与整理的效率，互动交流也比较方便。这是经常采用的一种形式。可以通过开放式工作台的高度及吊柜的有无，与厨房形成或开放或封闭的关系。

● 开放式工作台的高度，一般是以能够遮挡厨房的家务 FL+1.1 m 为准（厨房桌面 +250 mm）。入座时的视线（约 1.2 m）越高，与厨房的联系就越少。

● 吊柜的高度以 700 mm 为基准，站立时视线（1.4~1.5 m）不会被遮挡。如果不设置吊柜，开放感非常强，但是厨房的声音与气味都容易传过来，厨房内的各类物品也一览无余。

● 如果餐厅与厨房设置在最里面，可能会很阴暗。

一体式房间 (3.5 m×3.0 m)

● 这是一种将厨房与餐厅合并成一个房间的形式。在开放式厨房还未普及的时代，这是一种标准规划。现在已经有很多人习惯这种方式了。各种行走路线重复，空间使用可能更加高效。这种形式确保了起居室的空间独立性，优点是即使接待不速之客也很方便。然而缺点是食品柜、冰箱、餐桌等的摆放比较麻烦，且就餐时，厨房的繁多物品都会被看到，让人不是很舒服。这种空间缺乏开放感，比较适合家庭人员少的家庭。

与厨房的连接方式

半开放空间

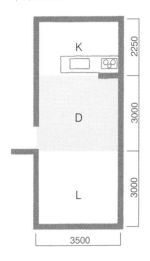

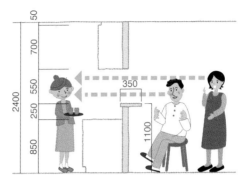

图中实例有开放式工作台与吊柜,方便交流,有一体感。台面的进深有 350 mm,可以放置较大的餐具和其他器皿,增加了便利性。

一体式房间

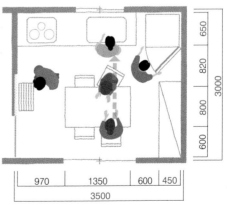

集中了各项功能的平面图例。家具的摆放是否可以,必须事先确认。

2 与起居室的连接方式

半开放式 (3.5 m×3.0 m)

- 这种形式是通过分区设计，将各部分从视觉上分隔开来。通过设置隔扇将各房间分隔开来，使用功能较多且各不相同。起居室、餐厅都明亮起来。

一体式房间 (3.0 m×3.0 m)

- 将起居室与餐厅设计成一个房间，可以补充完善空间功能，提高空间使用效率。这样一来，厨房的独立性得到提高，方便采取措施防止儿童与老年人误入厨房，但缺点是可以从厨房看到起居室。客人来访时，如果担心烹饪的声音与气味，可以采用移动隔扇遮挡。

3 其他

- 如果餐厅是独立的空间 (3.0 m×3.25 m)，厨房、起居室也是独立的房间，就无法弥补空间上的不足。餐厅这样的舒适房间，可以作为家庭成员聚会的场所。若厨房的行走路线较长，家庭成员之间的交流则不是很方便。起居室的独立性较高，适合客人多的家庭使用。
- 如果开放式的餐厅 (3.0 m×3.25 m) 位于家的正中心，并且紧靠厨房，客人在起居室交流就比较容易，这种类型的餐厅主要适合家庭成员多的家庭，方便举行家庭聚会。然而，如果不能经常整理好厨房，起居室等就会给人杂乱的印象，这对不太擅长收拾房间的人来说比较麻烦。在这种情形下，儿童与老年人也容易误入厨房，相应的防范对策也难以制订。

与起居室之间的连接方式

半开放式

无法补充完善空间的使用功能，但是方便保护餐厅与厨房的隐私。

一体式房间

可移动间壁

可以补充完善空间的使用功能，比较节省空间。

其他

独立形式

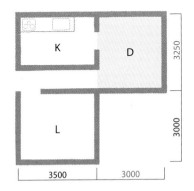

等级最为分明的设置，起居室可能无法被灵活使用。

起居室、餐厅、厨房一体化形式

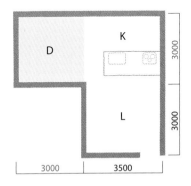

公共空间与个人空间交融，具有开放感的空间形式。

3 A4 杂志大小的收纳空间进深为 250 mm，电脑、电话的为 450 mm

确保收纳空间

在非就餐时间，餐桌还会放置笔记本电脑、报纸及文具等。因此，如果没有收纳空间，餐桌上就会乱七八糟，还会耽误备餐。

1 对收纳空间的考虑

● 餐厅必需的收纳空间，应与厨房、起居室的收纳综合设计考虑。独立性较高的餐厅，在设计时应重视使用功能；餐厅与起居室相邻时，餐厅也可以作为接待空间使用，因此，有必要考虑来自起居室的视线。

2 必要空间与布置

● 文具、书籍等的收纳，需要 250 mm 以上的进深空间。如果收纳打印机、电磁炉等大型家电，或电话机、传真机，需要 450 mm 以上的进深空间。在规划设计时，可以利用厨房的开放式工作台（位于餐厅一侧），以及餐厅的壁柜等。

● 高度超过 1.0 m 的家具能够收纳较多东西，但是这会给坐在沙发上的人一种压迫感，还会在地震时带来危险，不推荐这样布置。虽然工作台的收纳空间很有限，但是可以把花、照片等装饰品灵活地放在电脑桌上。没有读完的报纸、待处理的书籍等，也可以临时收纳在这里，很方便。

● 在收纳空间的前方，可能需要开关门扇或进行其他活动，因此需要预留活动空间。如果有 700 mm，就能弯腰使用。

考虑来访客人的视线，做好收纳计划

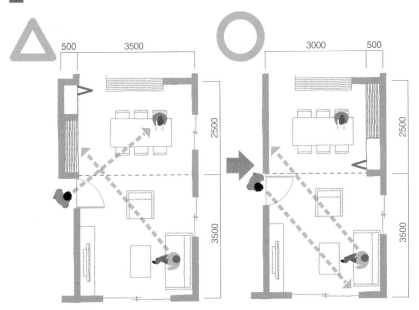

当起居室的门扇开启时，来访客人的视线正对着餐厅。从起居室的沙发可以看到餐厅的收纳情况，不建议采用这种布局方式。

当起居室的门扇开启时，来访客人的视线被引导至起居室。从起居室的沙发，不容易看到餐厅的收纳情况。

必要空间与布置

可以利用厨房开放式工作台和餐厅壁橱进行收纳。根据收纳情形，餐桌的布局可能有所不同。餐桌的正上方，采用吊灯。

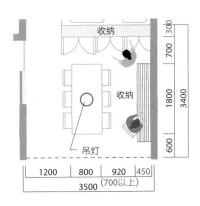

4 吊灯高度为餐桌面高度 +700 mm

电气设备等

1 照明设备的种类不同，灯具安装也有所不同

● 家庭饮食、干家务活或做作业，都可以在餐桌上进行。建议灯具照度是 200~500 lx。在设计照明时，不宜将餐厅独立设计，而应该将起居室、厨房等看作一体化空间。

● 天花板照明，请安装在餐厅空间的中心。起居室与天花板相接时，如果统一设置电气设备及照明路线，整个吊顶就比较美观。

● 设置吊灯，请以餐桌为中心。结合餐桌的大小，配备大型吊灯 1 个，如果采用小型吊灯，请配备 2~3 个。吊灯应设置在餐桌上方 700 mm 处，太高了令人目眩，太低了有碍视线，如果放置在餐桌的一角，又会不太明亮。灯罩的大小，一般是餐桌长度的三分之一，这样看起来比较协调，1.8 m 长的餐桌，需要安装 60 cm 的灯罩（如果是 3 个灯，就是 20 cm×3）。

● 如果仅设计聚光灯，就不要以家具布局为优先考虑要素配备灯具，必须要研究天花板照明图。如果在室内角落处安装灯具，原来房间里不怎么显眼的空调、窗帘、门都会被照射出来，这样的情形较为常见，请务必注意。

2 插座的设置

● 电话、传真、室内电话等的专用插座，分别位于各自的摆放场所（如桌面或台面上）。一般将餐桌必需的插座（例如供电磁炉、加热锅使用等）设置在地板以上 250 mm 处，或将其设置在开放式工作台与餐桌之间的墙壁上（高度在 800 mm 左右）。电气线路不一定要沿着地板铺设。请根据情况设置必需的空调专用插座。

3 感应报警装置

● 请在独立餐厅设置温度或烟雾感应报警装置。如果与其他装置联动安装
会更好（参见"07 厨房 4-4"）。

■ 电气设备的安装实例

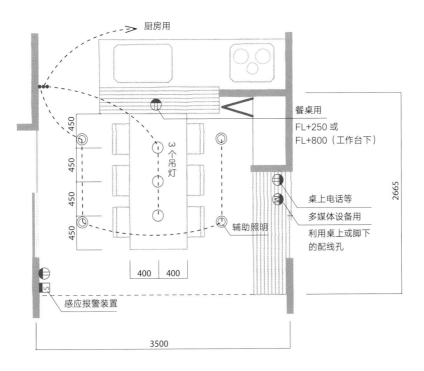

专栏　二世同堂住宅的设计要点

在昭和时代初期，日本的家庭形态是大家庭同居，后来随着经济的高速发展，逐步转变成少子化。如今，受到未婚及晚婚等的影响，少子化和高龄化问题更加严峻，经济也停滞不前，人们需要双亲帮助自己抚育子女，抑制消费，因此多代人同居的情况不断增多。

多代同居是为了给下一代储存新房资金而暂时住在一起的，也有以结婚为契机，两代人在新房里共同生活的例子。子女独立后，随着双亲年龄的增长与各类健康问题的出现，也有子女搬回去与父母共同居住的情况。

夫妇二人与哪一方的父母共同生活呢？一般而言，与丈夫一方（婆家）的家庭成员共同生活的居多，这个数值是与妻子一方的家庭成员共同生活的数值的4倍。因此，住宅设计的要点是注意血缘关系。

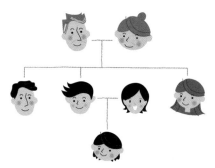

如果与丈夫一方（婆家）的家庭成员共同生活，家务区（例如厨房、洗涤、浴室等）的分离比较重要。由于不同的生活习惯，可能会导致婆媳之间产生纠纷，有必要事先尽量避免。

如果与妻子一方（娘家）的家庭成员共同生活，休闲空间（例如玄关、起居室等）的分离就比较重要。要确保丈夫的个人空间，从玄关就开始分隔开，这样独立性就提高了。家务活是女儿与自己的母亲之间的事，多数没有问题。

无论哪种情况，浴室都要分开设置。请务必注意，如果一方等待时间过久，也会发生各种矛盾。

09

起居室

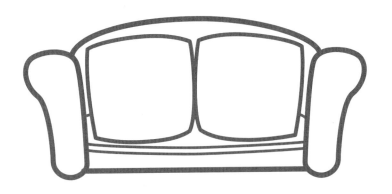

从家人各自的休闲方式考虑

1 起居室的设计要点

- 随着每个房间都配备了电视机、电脑，以及以智能手机为代表的多样化生活的逐步展开，以前那种家人坐在沙发上围着大电视机畅谈的场景越来越少见了。今后，起居室究竟将承担什么功能，应将其与餐厅、客厅等关联空间统筹考虑。

2 功能与要素的分类

- 仅宽敞明亮还不够，还要考虑最合适的起居室平面布局。

生活行为	相关物品
休闲、兴趣	沙发、榻榻米、椅子、桌子、电视机、音响（收音机）、电脑、报纸、杂志、书籍
娱乐	电脑、游戏机、玩具
接客	沙发、椅子、桌子
轻饮食	桌子
装饰	天花板、装饰画、摆设、花、书籍、红酒、收藏品、纪念品等
保管	收纳库、书籍、玩具、家务用品等

3 起居室的标准布局

- 电视机、沙发、中心桌等的布局，要与家庭成员的人数及休闲方式密切结合起来。在设计中，应考虑起居室与餐厅、和室等空间的连续性，巧妙地处理室内的行走路线，营造行动路线较少、便捷舒适的起居室环境。起居室的空间大小不仅由榻榻米的张数来决定，还要由有效使用面积来决定。

起居室的标准布局

四口之家标准休闲布局
（3.5 m×3.0 m）

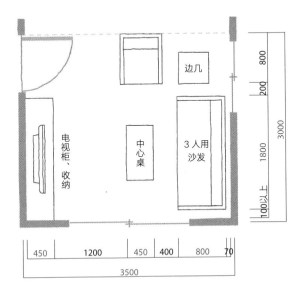

放得下 3 人用沙发的最小空间实例
（3.0 m×2.0 m）

对面可以接客的实例
（4.0 m×3.0 m）

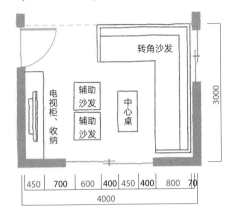

① 最佳视听距离为液晶电视画面高度的 3 倍

起居室必需的空间尺寸，是由沙发的大小及布置、电视机的尺寸及与连续空间之间的关系决定的。这里既是家庭成员的休闲场所，也是接待来访客人的场所，请设计成大方沉稳的空间吧！

1 家具设置空间

● 如果使用电视柜，电视机的两侧应预留 300 mm 以上的空间，这样整体上看起来比较协调，可以在预留空间放置音响或装饰品。如果采用 47 英寸的电视机，建议空间宽度在 1.8 m 以上，进深在 450 mm 以上。高度为从沙发望去向下 400 mm 左右。

● 沙发的大小，可以按照一个人的座位宽度与进深都为 0.5~0.6 m 进行计算。有扶手的两人座沙发宽度为 1.2~1.5 m，3 人座的沙发宽度为 1.7~2.1 m。算上沙发的靠背厚度，进深一般为 0.7~0.9 m。沙发的形状各种各样，请根据实际要用的物品进行布置。沙发座面的高度，一般以地板向上 0.4 m 为基准。请务必注意，日本人脱鞋的生活习惯和体格，与其他国家不同，其他国家的沙发座面比较高。

● 起居室的中心桌可以用来接待客人、吃便饭、放书及临时放置报纸等。其高度比沙发的座面稍高一些（约 50 mm）。如果将其作为餐桌使用，高度要比沙发座面高 200 mm 才比较方便。当然，如果桌子比较低，视野会更为开阔。茶几设在沙发的横向位置，这样有时候就不需要身体前倾，坐在沙发上比较舒服。

■ 电视机、电视柜、沙发尺寸（参考）

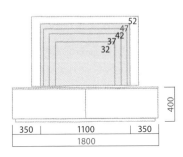

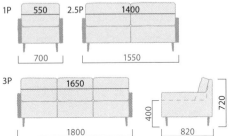

1.8 m 长的电视柜可以供 32~52 英寸的电视机使用。47 英寸的电视机外围长度为 1.1 m 左右，两侧需要 300 mm 以上的空间。

沙发的样式有多种，如果要采用有特色的沙发，可以根据沙发尺寸考虑起居室的必要尺寸。

■ 中心桌的高度

如果放置饮料、书本等，桌子的高度与沙发相同。如果能高出 5 cm 会更好。

就餐时，座位是固定的，桌子比沙发高 20 cm 会更好。有时候后面需要一个靠垫。

2 活动、行走路线

- 显像管电视机的最佳视听距离为画面高度的 5 倍。液晶电视机的最佳视听距离为画面高度的 3 倍。以后市场上会出现更高性能的电视机，最佳视听距离大约是画面高度的 1.5 倍。47 英寸的电视机画面高度约为 600 mm，最佳的视听距离为 1.8 m。

- 应在电视柜的正前方预留通行空间，需要预留打开柜门及操作电视机时弯腰的空间，为了方便，请预留 700 mm 以上的空间。

- 沙发与中心桌方便入座的距离是 400 mm 以上。沙发的座面越低，就越容易往前伸脚，此时需要的距离是 500 mm 以上。

- 起居室的主行走路线，方便备餐的宽度是 800 mm 以上。除此以外，请确保人通行的宽度是 600 mm 以上。如果是 300 mm 的宽度，只能侧身通行。

3 收纳空间

- 可以在起居室放置一些装饰柜、酒柜等高档装饰家具，这样就可以补充电视柜的收纳功能，增加一些收纳空间。在规划设计时，可以将日用品放在餐厅和玄关门厅里，这样就不会觉得起居室里的东西太多。

4 其他

- 一般家具占房间面积大小的三分之一较为理想。如果家具占用的面积过大，整个房间就显得狭窄；如果所占面积过小，又显得单调。入座时，人的视线水平高度为 1.0 m，如果房间里有较高的家具，就会让人有压迫感，这也是房间显得狭窄的原因。在设计时应注意使地板与天花板看起来都比较开阔，净空比较高。

起居室的必要空间尺寸

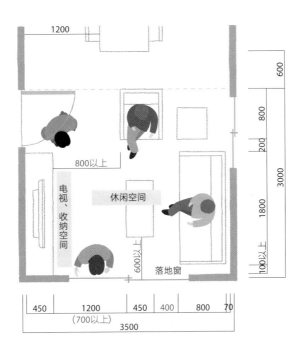

液晶电视的最佳视听距离

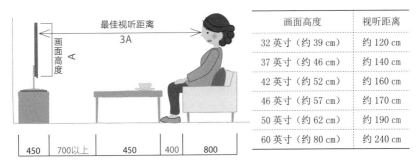

画面高度	视听距离
32 英寸（约 39 cm）	约 120 cm
37 英寸（约 46 cm）	约 140 cm
42 英寸（约 52 cm）	约 160 cm
46 英寸（约 57 cm）	约 170 cm
50 英寸（约 62 cm）	约 190 cm
60 英寸（约 80 cm）	约 240 cm

在规划布置电视与沙发时，可以参考最佳视听距离，空间有较大的余量会比较好。

2 面宽在 2 m 以上的稳重的连接方式

　　起居室与餐厅、厨房等各类隐私空间，以及玄关、和室等各类公共空间的联系都非常紧密。如果不综合设计空间的行走路线，就会使得通行路线冗长，不便使用。在布局时，请将这里当作终点站，而不是通行站点。

1 与和室的连接方式

- 应充分考虑起居室与和室之间的关系。如果采用隔扇，就可以考虑靠墙摆放家具，同时，如果房间设置了可以随时打开的开口，且宽度在 2 m 以上，就会给人一种开放感。

- 平面图 A（在起居室的南侧，可以设计、使用的和室的墙面宽度为 6.5 m）与餐厅、和室之间的行走路线都集中在起居室，可以利用的墙面不多，整个起居室不够协调。起居室的南侧有和室，因此起居室的光线较暗。如果把和室的隔扇改为开放式，就可以将这里作为各类活动的较大聚集空间，使用起来较为方便，这就是优势所在。

- B 平面图（和室与一体化的起居室、餐厅西侧相邻，可以设计、使用的墙面宽度为 8.5 m）

  整个起居室独立性高，如同明亮大方的"终点站"。和室可以作为接待客厅和儿童房使用，但是由于走廊在外围，光线可能有点暗。

- 平面图 C（在起居室的横向上设置和室，可以设计、使用的墙面宽度为 7.5 m）

  虽然起居室与和室结合使用，可以扩大使用空间，但是房间连接在一起，导致可以使用的墙壁面积减少，沙发与电视柜不好布置。很难在平面图上处理行走路线与家具的位置关系。

与和室的连接方式

平面图 A

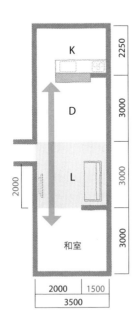

平面图 B

A 图中的起居室是"通行站点"，B 图中的起居室是"终点站"。虽然邻接空间增大后更加方便，但是大厅化的空间很容易变得不协调。

平面图 C

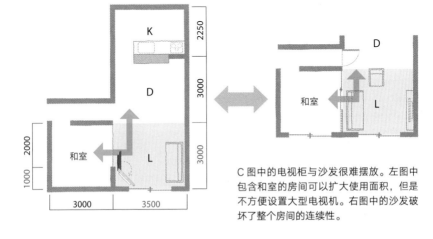

C 图中的电视柜与沙发很难摆放。左图中包含和室的房间可以扩大使用面积，但是不方便设置大型电视机。右图中的沙发破坏了整个房间的连续性。

2 与餐厅的连接方式

- 参见"08 餐厅 2-2"。

3 独立布置起居室（3.5 m×3 m）

- 参见"08 餐厅 2-3"。将起居室与个人隐私空间分离，可以使起居室变得沉稳大方，同时也可以在接待客人时灵活使用。但是，其他无法兼作他用的部分空间，不仅有起居室，还有餐厅的邻接空间，都应该在设计时预留足够的空间。

4 LDK（起居室、餐厅、厨房一体化空间）的注意事项

- 参见"08 餐厅 2-3"。如果 LDK 的整体房间接近于正方形，那么一定会不方便使用，因为起居室、餐厅、厨房各自的使用空间本来就接近于正方形。标准起居室的房间面宽尺寸为 3~4 m。如果面宽超出了这个宽度，不仅视野更为开阔，而且行走路线与收纳空间的设置都更加方便。在规划设计室内分区时，应该以楼梯为分隔点，考虑家具的布置及沙发在室内的位置。

5 起居室在二层

- 如果建筑物前方的道路交通量大，无法确保在建筑物的一层能够设置窗户，就会导致一层光线昏暗，此时，梦想中的庭院也无法实现，不如在二层设置带阳台的起居室。位于建筑物二层的起居室，远眺视野开阔，日照良好。随着家人年龄的增长，经常上下楼梯会比较麻烦，每天的生活负担也逐渐增大。由于未来生活的中心将逐渐转移到一楼，所以需要安装一些家居智能化设备。这不仅是为居住者考虑，而且还是为访客考虑。
- 特别是在两代人共同居住时，一般要避免在二层起居室的正下方设置父母的卧室。因为作息时间的差异容易带来困扰，请在设计时分区处理。

■ LDK 一体化空间的注意事项

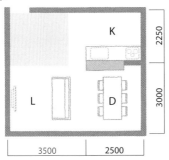

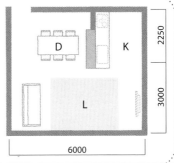

LDK 整体接近于正方形，入口附近的空间有余地，但也不能用在沙发与电视之间的间隔上。设置了一个榻榻米角落，如图所示的收纳设计，无法高效利用空间的形状。

3 考虑到步行者的视线高度为 1.7 m，大开口，更便捷

考虑到隐私保护

请想象一下临街起居室窗外的风景，穿梭的汽车、自行车、行人。难道要把特意设计的窗户关上，再把窗帘拉上吗？起居室的路线、楼梯位置及生活动线都不会让居住者产生压力吗？在此就探讨一下让家人感觉轻松与隐私保护之间的关系。

1 开口部位的便捷性与隐私保护之间的关系

- 窗户的优点是可以采光，给人开阔的感觉。有必要采取措施以阻挡步行者的视线，并设计房檐，栽培植物。

2 围墙对策

- 为了防止步行者从室外道路看到室内的情形，请设置一定高度的围墙。如果庭院不用作停车场，这种对策是有效的。室外围墙的高度，在规划设计时，以穿鞋的成年男性视线高度为基准（1.6~1.7 m）。一般来说，在室内地面没有高差的情况下，室内第一层地面的高度约为道路面高度+0.6 m。坐在沙发上的人的视线高度，一般是室内地面以上 1.0 m，如果在室外道路设置 1.7 m 高的围墙，不仅使室外看室内的视线受阻，而且也会使坐在室内沙发上向外看的人的视野受影响。
- 室外的围墙越高，室内空间就越封闭，但是给室内行走的人的压迫感越强烈，防范性能不一定就越好。设置室外栅栏或围墙缝隙，应注意将防范性与创新性结合起来。

房间开口部位与日照、视线之间的关系

房间开口部位越大，越能够获得有效的日照，但是由于步行者能看到室内，所以有必要设置围墙。针对夏季的阳光直射，可以设置屋檐及外伸式的阳台，如果能在南面种植落叶乔木会更好。

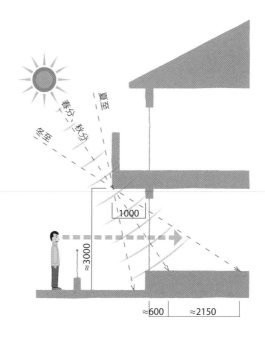

房间开口部位的隐私保护对策

围墙等对策

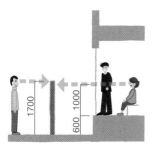

采取围墙对策，基于景观和防范性来考虑，具有封闭性。

窗户高度的对策

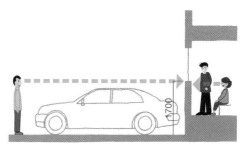

从视线方面考虑，停车场后部的大窗户设置成齐腰高比较合适。

3 窗户对策

● 如果不能设置围墙,可以给窗户装上窗帘,或者采用压花玻璃等对策。如果窗户下端是GL+1.7 m,不仅会使室外的视线受阻,而且会使室内的视线受阻。

● 如果挂窗帘,有必要采用适合夜晚使用的较厚的窗帘。从保护隐私的角度考虑也要采用厚窗帘。打开窗户时,请注意风会吹入室内。压花玻璃比透明玻璃更能够阻挡视线,但是很难有开阔感。

● 如果在窗户上设置窗格,路人的视线就集中到窗格上面了,很难透视里面的场景。请注意考虑窗格的设计特色。

4 起居室出入的便捷性与隐私保护之间的关系

● 从玄关经由起居室进入各个房间,这就是起居室的路线图。这个路线图会使家庭成员之间的交流顺畅,提高空间使用效率。但是针对空调的位置,以及其他的隔音问题、入浴后的行走路线等隐私保护问题,都需要研究对策。有时会让孩子有一种被监视的感觉,请结合起居室的路线布置进行设计。设计手法可以分成两大类。让我们从建筑外形、分区等方面进行比较吧!

● 起居室楼梯类型(4.0 m×4.25 m)是在起居室内设置楼梯的方式,很容易形成个性化的空间,具有一定的开放感。但是,空调房的效率非常低,声音及气味会在整个家庭扩散。请注意,入浴前后穿行起居室时很难保护隐私。

● 门厅楼梯类型(4.0 m×4.25 m)是将卫生间、盥洗室、浴室等用水空间与楼梯间(6.0 m×3.0 m)集约设置的方式,它方便保护隐私,空调、隔音与气味问题也可以得到改善。但是,各个独立房间与楼梯间、用水空间都直接相连,可能会导致以起居室为中心的交流机会变少。

起居室路线规划的设计实例

起居室楼梯类型

虽然可以扩展没有走廊的地方和起居室，但是这样就很难保护个人隐私。隔音与室内空调机的布置问题，只能通过设置楼梯大厅才能解决（参见"02 楼梯 4-2"）。

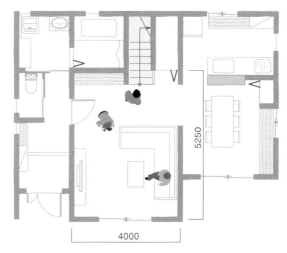

门厅楼梯类型

在楼梯大厅处集合用水空间的实例。回家或外出时要经过起居室，但是入浴等可以直接在房间内进行。不仅可以保护客人和主人之间的隐私，而且可以保护家人之间的隐私。

4 坐着使用也方便的地板高差为 300~450 mm

作为起居室与客厅的补充空间，铺设榻榻米的空间一般会给人较多的期待，它能够适应多种用途。不同的榻榻米地板材料也引人注目。除了灯芯草榻榻米，五颜六色的不褪色化学材料榻榻米、纸榻榻米也被广泛使用。

1 榻榻米角落

- 榻榻米角落的样式有无障碍设计形式、单元式设计形式、小规模设计形式（带有台阶）。

- 无障碍设计形式：虽然空间狭窄，但是可以灵活使用，可以用作儿童游乐场或白天休憩的场所。由于没有台阶，所以直接与落地窗相接也没有问题。

- 单元式设计形式：可以根据需要铺设或拆掉，但请注意要有 15 mm 的高差，还要预留存放榻榻米的地方。

- 小规模设计形式：地板与榻榻米的界限分明。由于空间狭窄，使用不便，建议 3 张以下的榻榻米就采用无障碍设计的形式。台阶的高差，要结合人坐在沙发和椅子上的视线，方便入座或站立的高度是 300~450 mm，请将台阶的踢面高度设置在 180 mm 以内，这样方便上下。由于有台阶高差，穿脱拖鞋都比较方便，灰尘不容易上扬，也可以在台阶内部设置收纳空间。但是请注意，这部分的天花板会变低。

2 单元式设计形式

- 单元式设计形式，可以临时休息或坐在铺有榻榻米的地板上，非常方便。与沙发不同，它没有人数的限制。如果设置成小规模设计形式，在上下或站起的时候，需要有扶手。

榻榻米角落的设计实例

无障碍设计形式

在餐厅中设置榻榻米的实例。可以灵活用作个人空间，例如儿童空间或临时休息场所。

小规模设计形式

可以利用隔扇将其分隔为独立的房间。随着空间的变化，用途变得非常广泛。

榻榻米起居室的实例

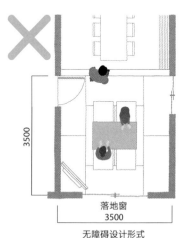

无障碍设计形式

脱鞋不方便，要考虑在榻榻米上放电视机。

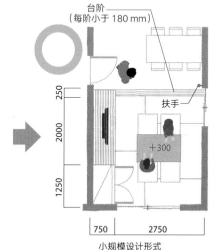

小规模设计形式

改变入口位置，事先设计家具的摆放位置与收纳空间。

⌂⑤ 空调气流的到达距离为 7~8 m

电气设备等

1 照明设备

- 起居室有多种用途，待人接物只是其中一种，如果拥有明亮通畅的环境是最好的。在不同的使用情形下，建议起居室的对应照度为：普通照明 30~75 lx，聚会娱乐 150~300 lx，读书 300~750 lx，缝纫等 750~2000 lx。普通照明加上壁灯照明、落地灯照明、间接照明等多种分散式照明，能够轻松地营造各种气氛，也有助于节能（参见"08 餐厅 4-1"）。

2 插座

- 除了一些家电产品（例如电话、传真机、室内电话、电视机等）使用交流电，其他的家电产品，如落地灯等照明灯具，以及吸尘器等，应分别安装合适的电源插座。应预先设计备用插座的形式。

3 空调

- 空调有壁挂式和嵌入式等类型，从日常维护的方便性与天花板整体美观来看，采用壁挂式比较好。室内空调机安装在房间短边的中间位置，效率比较高，但是也请注意，根据空间形状、气流到达距离（一般是 7~8 m）、机器的效能，决定安装位置。应有意识地将室内空调机安置在隐蔽的位置，但是请不要妨碍气流通道。在外观方面，室外机及配管的位置非常重要，必须结合立面图来考虑。

4 其他

- 如果设计家庭影院，要安装投影仪与音响设备，请事先布置线路。有时还有必要加固一下天花板。

● 请在独立的起居室安装感应报警装置。如果能与其他装置联动设置，会更让人安心（参见"07 厨房4-4"）。

电气设备的安装实例

为了让起居室光线充足，可以采用聚光灯，灯具的数量以1张榻榻米配1只灯（60 W白炽灯）为基准。图中的起居室面积约有6.5张榻榻米大小，采用6只灯具集中安装正好。还对应安装了插座（在电视机与沙发处进行了反向布置），其他地方也预留了安装位置。

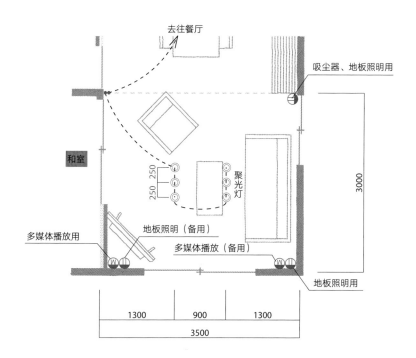

专栏　试着在平面图中漫步吧！

周末收到了几份住宅户型图宣传单，其中大多数都有平面图。以此为参考，考虑购买住宅的人还真不少。

我曾经受邀面向购房的业主，在住宅论坛现场发言。当然，这些业主已经有了最低限度的相关住宅知识。虽然我本人觉得对住宅平面的规划设计侃侃而谈是一件困难的事，但是面对已经完成的住宅平面布置图，我还是希望发表一下自己的意见。

例如，如果练习绘画，即使没能够熟练掌握技巧，但是在学习过程中，也可以慢慢培养对画作的观察能力，能够逐渐理解构图、配色，绘画的背景，

也能够在美术馆长时间地醉心欣赏。同理，如果能够在住宅的平面图中自由散步，也能够深入了解平面布置的优缺点。

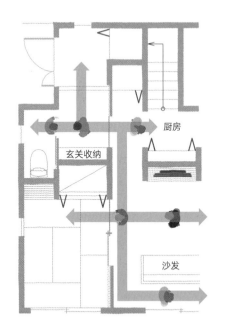

试着想象一下您在平面图中散步时目所能及的情景吧！

从玄关进入，可以看见收纳空间。在玄关门厅的正面设置收纳空间，方便使用吗？

起居室的门与卫生间的门是正对着的。

从起居室的门进去，可以看见一直通往厨房的行走路线。

如果坐在沙发上，看到哪些情景呢？可以非常清晰地看到电视机，以及人在室内的行走路线。前、后、两侧的行走路线都有。您放心了吗？

10

主 卧

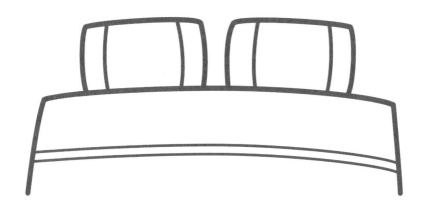

要点

布局时注意床的尺寸与行走路线的宽度

1 主卧的设计要点

- 有孩子和有老年人的家庭，对卧室的优先功能要求存在差异。前者与儿童成长相关，以家务效率为优先。后者主要考虑用水的方便与安全，并以此为优先考虑因素。下面要探讨的是：如何让不同年龄的人都能够拥有使用方便、安全的卧室，并且拥有良好的睡眠环境。

2 功能与要素的分类

- 就寝之外的生活行为也考虑到了，卧室与附属空间的功能整理如下。

生活行为	相关物品	附属空间
休闲、兴趣	电视机、音响、电脑、沙发、桌子、电视柜	卧室
工作台	桌子、椅子、电脑、打印机、书柜	书房、卧室
家务	吸尘器、洗涤用具、熨斗台面	阳台、卧室
就寝	床、榻榻米、卧具	卧室
衣着打扮	衣服、套装	步入式衣柜、卧室
保管	柜子、衣服、寝具、包、吸尘器、洗涤用具、电熨斗等	步入式衣柜、收纳空间

3 标准平面图

- 如右页图所示，在两张单人床的周围，附属空间里有步入式衣柜、书房、阳台等。请结合床的尺寸与必要的行走路线进行布置。如果活用为个人爱好场所或干家务活的地方，要根据不同的目的设定必要的空间面积。要事先听取各方面的建议，早做准备。

主卧标准平面图

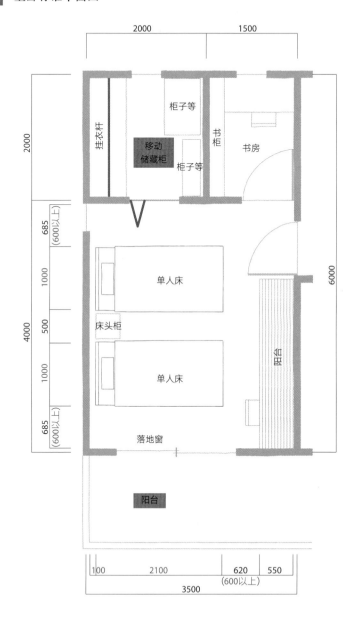

1 房间的短边长度为床宽 +0.6 m，在 3.0 m 以上

必要空间

1 就寝空间

● 床垫的尺寸可以参考右表。在单人床的排列方式中，有两张单人床并列放置的，也有在两个单人床之间放置床头柜的。随着家里孩子的成长，请考虑改变的可能性。如果使用婴儿床，应预留使用空间。

● 时钟、遥控器、眼镜等物品也需要有放置的场所。请考虑放在床头柜或带有书架的床头上。

● 如果在榻榻米上盖被子就寝，请参见"06 和室 1-2"。

2 工作空间

● 请根据需要布置化妆台、桌子、电视机及工作空间。除了桌子自身的尺寸以外，还需要预留挪动椅子的空间（600 mm 以上）。如果需要长时间在书房工作，由于会漏音或漏光，请不要将这部分空间作为卧室的附属空间来设计，而应该把它作为独立的房间来设计。

● 如果利用室内空间干燥衣物，应准备好相关物品，留出洗涤用品的收纳空间（参见"04 盥洗室 2"）

3 收纳空间

● 除了收纳衣服的空间，还要准备柜子及日用品的收纳空间。

4 行走、过路空间

● 主要行走路线的宽度为 600 mm 以上，请在壁柜的前方预留 700 mm 以上的空间。去往床的行走路线宽度为 500 mm 比较合适。床与墙壁的距离为 100 mm，这样铺床比较方便。

主卧的必要空间尺寸

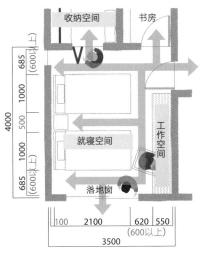

（如果没有工作空间，长度在 3000 mm 以上）

床垫标准尺寸（参考）

	宽 /m	长 /m
单人床	1.0	1.95
小双人床	1.2	1.95
双人床	1.4	1.95
加大双人床	1.7	1.95
超大双人床	2.0	1.95
婴儿床	0.8	1.25

床架要比床垫大几厘米到十几厘米。确定好床架的形状和大小，将其反映在平面设计图上。

并列放床的情形

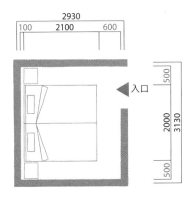

两张单人床之间放床头柜的情形

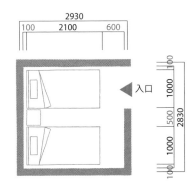

如果和孩子一起就寝，两张单人床并排放置比较好，但是这样铺床有些不方便。

⌂ 2 每人需要 3 m 的挂衣杆长度

确保收纳空间

人可以在带有门扇的壁柜里做家务，它就是"步入式衣柜"（WIC），一种多用途的大型公共收纳空间。下面主要介绍包括壁柜在内的收纳空间。

1 壁柜、步入式衣柜

● 壁柜可以在卧室直接使用，不需要预留行走路线。如果是步入式衣柜，就需要预留行走路线，可以在里面放置柜子、吸尘器，收纳家庭杂物，这样室内就很清爽。根据不同空间的特点进行组合，才能提高收纳效率。

2 必需的收纳量与壁板布置（参见"12 储藏室、步入式衣柜"）

● 一个成人需要的挂衣杆长度为 3 m。两个人需要的长度为 6 m，但是在壁柜中保证挂衣杆的这个长度比较困难，可以将壁板下的挂衣杆设置为 2 段。应着重考虑季节性更换服装的收纳量，确保必需的收纳量。

● 挂衣杆的高度为身高 ×1.2 倍 +0.1 m，即 1.8~2.0 m 为理想高度。壁板上部可以放置较轻的物品，下部空间可以将抽屉活用为鞋柜。如果挂衣杆分两段使用，两杆之间的距离为 1.0 m，这样可以放置上衣。进深为 750 mm 时使用效率比较高。

3 柜子收纳的注意事项

● 采用柜子进行收纳时，应注意柜子的尺寸、搁板结构等，确定好开口大小与进深，才能高效使用。重要的是不仅空间要大，而且要分隔空间来使用。

壁柜的规划实例

步入式衣柜＋壁柜

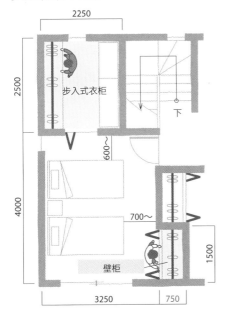

壁柜平面图

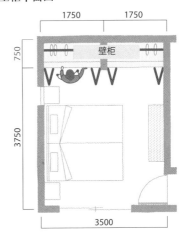

如果步入式衣柜不能满足衣服的收纳需
求，还可以再安装壁柜。如果只有壁柜，
就有必要预留收纳空间收纳柜子、季节性
使用的家电产品等。

步入式衣柜实例

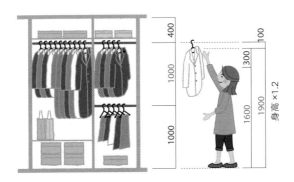

3 老年人的卧室室内面积在 12 m² 以上

考虑到安全性与老年人

1 房间的布置与面积

- 请将玄关、卫生间、浴室、餐厅、更衣室、盥洗室等与老年人的卧室设计在同一层。房间的室内面积，应结合轮椅使用者的基本生活设定，请确保室内使用面积为 12 m² 以上。

2 对高差的考虑

- 如果室内地面与阳台的高差在 180 mm 以下，请考虑不要绊倒人（参见"13 阳台 2-1"）。
- 卧室床的高度可以与餐桌的椅子相同（400 mm），这样方便坐下和站起。
- 请确保卧室出入口的有效宽度在 800 mm（750 mm）以上。推拉门方便老年人使用，但是气密性不好。平开门隔音比较好。
- 如果在室内安装柜子，应采取防跌倒措施，确保柜子远离床的位置（参见"06 和室 3-3"）。

3 冷风与休克的对策

- 在枕头边上的窗户，会有下沉的冷空气，受其影响，人的头部容易被冷空气侵袭。在必要的情况下，可以安装百叶窗，用较厚的窗帘覆盖并下垂到下部。为了防止失足跌落，窗户下端的高度应该比床高 800 mm 以上。
- 有效缓和入浴前后的急剧的体温变化（休克）的对策是，不从寒冷的走廊经过即可入浴。

考虑冷空气的影响的卧室平面图

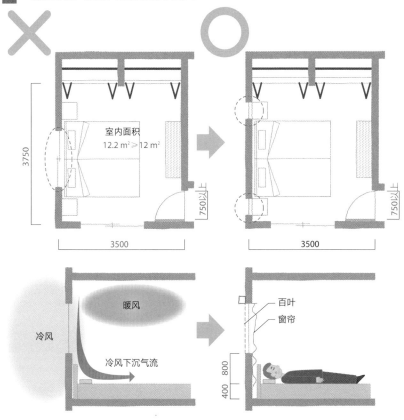

考虑到预防休克的实例

从主卧经过走廊到达卫生间，才可以使用盥洗室。离 LDK（起居室、厨房、餐厅一体化空间）都比较近，日常的行走路线短且方便。

⌂4 床头的壁灯距离床 20 cm

1 让人感觉舒适的照明设计

- 卧室的推荐照度为 15~30 lx，读书时的为 300~750 lx。在照明设计中，聚光灯要向下照，床头壁灯不能直射人脸（例如，安装在床上方 600 mm 高、距离床 200 mm 处），且就寝时，光源不能直射人眼。无论是壁灯还是天花板的嵌入式灯具，都应该注意遮光与发光方向。另外，为了方便夜间出入，请在出入口附近安装足下长明灯。

- 灯具高度会对人体造成影响，正如太阳高度的变化一样。从上方发出的光，让人感觉活跃；从下方发出的光，让人感觉轻松。在卧室中，床头附近的光让人感觉最舒适。

2 插座与开关

- 除了一些家电产品（例如电话、室内电话、电视机等）使用交流电之外，落地灯、吸尘器、熨斗挂架等电器需要设置合适的插座。

- 为了方便从床上直接开关灯具，可以将开关设置在枕头边上。如果是在床头柜的上方设置开关或插座，设置高度应该在地板以上 500 mm。还应该为灯具和电视机的遥控装置预留位置。

3 空调

- 请将床放在空调风无法直吹的位置。应该将室外机安装在其发出的声音不会影响室内就寝的位置。

- 室内空调机的插座应该比天花板低 300 mm（如果室内天花板的高度是 2.4 m，插座高度则为 2.1 m），同时，不要使布线显眼。

4 感应报警装置

● 在卧室中，请务必设置温度感应装置或烟雾感应报警装置。如果能够与
其他的装置联动设置，会更让人安心（参见"07 厨房 4-4"）。

电气设备的安装实例

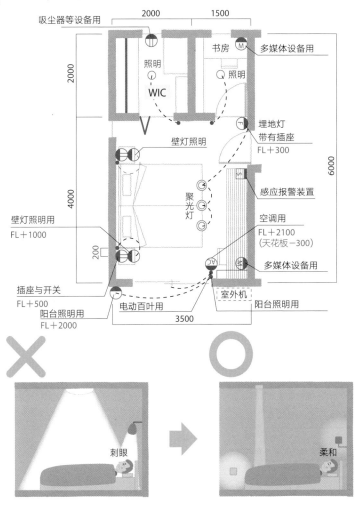

专栏　探讨夫妻分房

　　虽然大多数夫妻会同处一室，但是有的夫妻因休息时间不同、夜班等而作息时间不同，或者夫妻双方对空调的温度要求差异较大，就有可能分房就寝，下面来讨论一下这种情形。

　　夫妻分房，有的是在床与床之间设置隔扇或可移动的收纳空间，但是这样的缺点是声音、光线容易影响对方。如果觉得这样不好，可以在设计时用隔墙隔开。

　　老年夫妻多因为尊重个人隐私而分开就寝。在这种情况下，不仅要设置两个单独的房间，而且为了应对夜间突发性的身体不适，一般要通过步入式衣柜将两个卧室密切联系起来，以使夫妻双方了解对方的情况，这样才让人放心。如果能扩大利用侧面的房间，增设夫妻共同使用的空间（例如榻榻米角落等），就更方便交流了。

夫妻分房的规划实例

11

儿童房

要点

根据生活方式的变化，设定对应尺寸

1 儿童房的设计要点

- 子女在幼儿时期大部分时间都是与父母一起度过的，但是过了少年期以后，待在自己房间里的时间会越来越长。下面将介绍如何结合生活方式的变化设计儿童房的空间尺寸，实现儿童房与其他房间的组合与分隔，促进家庭成员之间的交流，以及加强儿童房与主卧之间的联系等。

2 功能与要素分类

- 儿童房必备功能有就寝、学习和娱乐，分类整理如下。

生活行为	相关物品
娱乐、兴趣	电视、音响、电脑、游戏机、书籍
学习	桌子、椅子、电脑、书架、教科书、笔记本、双肩包、皮包
就寝	床、寝具
着装打扮	制服、其他衣服、镜子
保管	衣服、玩具、寝具、学校备用品（绘画工具）

3 标准布局

- 在面宽为 2.5 m 的紧凑房间内，整齐布置床、桌子、椅子和书架等家具。特别值得注意的是，儿童房的家具要预先考虑布置，如果门、落地窗、壁柜的位置没有确定好，那么有关的行走路线与宽度都可能无法确定。

儿童房的标准布局

没有阳台的情况

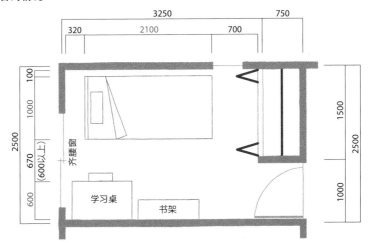

与阳台邻接的情况

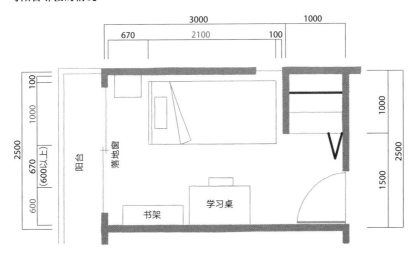

1 确保落地窗前方的通行宽度在 0.6 m 以上

（必要空间）

很多儿童房使用起来不太方便。有的收纳空间的门离床太近，不能完全打开；有的在落地窗前摆放了家具。

1 就寝空间（参见"10 主卧 1-1"）

- 如果儿童房里有两张床（包括上下床），就应该预留方便上下床的空间。

2 工作空间、娱乐空间（参见"10 主卧 1-2"）

- 儿童房必须规划学习桌（1.0 m×0.6 m）、书架（1.0 m×0.3 m）的放置空间。把桌子放在窗户前会使人目眩，也可能会妨碍窗帘使用。请根据需要规划电视机、视听设备的放置位置。
- 虽然儿童房以学习功能优先，但是如果床头边有休闲娱乐空间会更好。为了方便孩子日常活动使用，可以将儿童房设计成简单的空间，并活用第二层的大厅。儿童房必须有最低限度的室内活动面积，但也要防止儿童一直待在家里。

3 收纳空间

- 除了要收纳衣物，还要收纳双肩包、体育用品、玩具等物品。

4 动作、行走空间（参见"10 主卧 1-4"）

- 落地窗即便不能完全打开，也要可以通过窗户把手实现出入，宽度为 0.6 m。如果与墙壁之间的宽度只有 300 mm，那就只能侧身通行。

儿童房的必要空间尺寸

可以试着将落地窗设置在儿童房的一侧，请注意家具的布置，方便开关落地窗。床头的位置应避开窗边的冷空气流动。

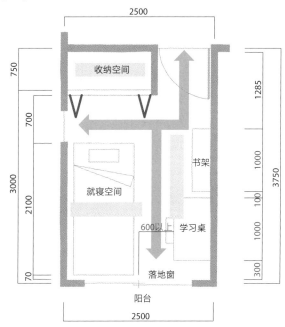

娱乐空间实例

二层大厅灵活作为儿童空间使用的实例。也可以作为第二个起居室或室内衣物干燥室使用。通过设置隔扇，可提高房间的独立性。

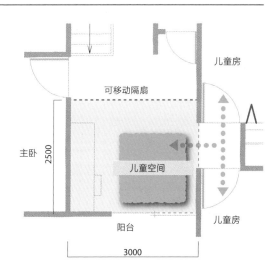

⌂2 墙厚 150 mm 的隔音措施

空间的联系、隐私保护

保护孩子的隐私空间，能够促进家庭成员之间的良好沟通。随着孩子的成长，亲子关系也会随之发生变化。为了营造彼此都毫无压力的环境，应考虑空间的联系及注意事项。

1 儿童房与 LDK 之间的联系

● 如果起居室有台阶，请将儿童房与 LDK 设置在同一层，可以从起居室直接进入儿童房（请参见"09 起居室 3-4"）。孩子小的时候，加强儿童房与起居室的联系比较好，但是请注意，随着孩子的成长，如果过多妨碍彼此的活动，可能会给彼此带来压力。如右页图所示，如果房间的面宽在 6 m 以上，请并列设置儿童房与其他房间。

2 儿童房与主卧之间的连接方式

● 如果儿童房与主卧相邻，在孩子年幼时，可以合并使用；待孩子长大后，也可以分隔后作为独立房间使用。如果连接处的宽度达 2 m 以上，就会使人产生这是一个房间的感觉。如果要作为两个房间独立使用的，就需要将其与主卧分开设置，可以将二者连接部分设置为收纳空间，采用 150 mm 厚的隔墙（可以采用 100 mm 厚度以上的玻璃棉填充立柱间隙，但是这个厚度不包括外饰面厚度，隔墙双面再用 12 mm 厚的石膏板双面加固），这样隔音效果比较好。

3 多个儿童房之间的联系

● 如果两个儿童房并列设置，在孩子小的时候可以不分隔，这样玩耍空间比较大。但是，要为以后的分隔提前做好各房间的设施准备，例如门扇、窗户、收纳空间、电气设备等。也可以不用隔墙，用可移动的隔扇进行分隔（进深为 560 mm 左右）。

儿童房的必要空间尺寸

如果起居室设置在第二层,应重视其
与LDK之间的连接,合理设置儿童房。
面临的难题是:既要节省空间,使收
纳紧凑,又要确保孩子的隐私空间。

与主卧之间的连接方式

因孩子年幼连接起来比较
方便,房间分隔后,可以
考虑设置收纳空间+隔音
墙壁,保护隐私。

多个儿童房之间的连接方式

可移动的分隔收纳空间,应结合生
活的不同阶段采取分隔措施,确保
连接方便。

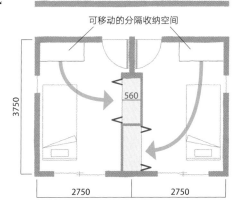

3 好用的挂衣杆高度为身高的 1.2 倍 +100 mm

确保收纳空间

随着孩子的成长，孩子的物品种类也开始增多。随着他们身高的增长，手够得着的地方也越来越多。下面就针对这些变化，探讨一下收纳对策。

1 壁柜（参见"10 主卧 2-2"）

● 可以结合孩子的身高及使用物品的变化，改变搁板、挂衣杆的高度，调整整体布局，采取可移动的收纳方式。挂衣杆应设置为儿童伸手所及的高度（身高 ×1.2+100 mm），在挂衣杆的上下方设置搁板，随着身高与年龄的增长，这种设计会方便使用。当孩子上中学后，校服等需要挂放起来的衣物不断增多，请将壁柜的高度设定在 1.5 m 以上。

2 阁楼收纳（参见"12 储藏室、步入式衣柜 2-2"）

● 可利用屋顶空间的阁楼作为收纳空间，因为天花板较低，温度较高，所以不适合作为就寝空间。建议将此处主要用作收纳空间与休闲空间。

3 可移动的收纳分隔空间

● 如果将两室作为一室使用，但是已经设置了分隔墙，可以将分隔墙替换掉。根据生活方式的变化，如果可以自己动手调整房间的使用方式、分隔方式，就非常方便。但是请注意，有时会有隔音差和漏光的不利影响（请参见第 169 页图）。

伴随孩子成长使用的壁柜

年龄段平均身高

年龄	小学生						中学生			高中生		
	6	7	8	9	10	11	12	13	14	15	16	17
男	116.5	122.4	128	133.6	138.9	145.1	152.5	159.7	165.1	168.3	169.8	170.7
女	115.5	121.5	127.4	133.4	140.1	146.8	151.8	154.8	156.4	157	157.6	157.9

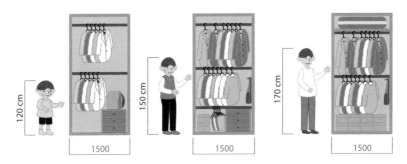

小时候需要父母亲的协助，长大后手够得着的地方多了起来，收纳方法也有所改变。伴随着孩子的成长，布局也要随之变化才合理。

未使用的屋顶空间（阁楼）的实例

如果室内屋顶上设置了阁楼，天花板的高度是没有限制的。这样一来，儿童房就变成了富于变化的休闲空间。如果能够巧妙设计上下层的关系，将阁楼下一层的部分作为起居室灵活使用，也是非常高效实用的。

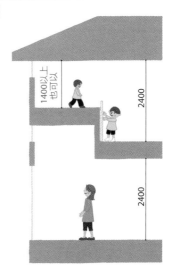

4 在立足点 +800 mm 处设置栏杆，防止跌落

考虑到安全性与电气设备

应针对儿童房里充斥着的在不同年龄段使用的众多物品考虑安全对策。当儿童热衷于玩耍时，注意力会比较分散，因此应制订防止跌落的对策。

1 对安全的考虑

- 如果二层的窗台高度不足 800 mm，为了防止跌落，应相应地设置栏杆。窗台高度不到 650 mm 时，应在其上 800 mm 范围之内设置栏杆，栏杆的分格尺寸应小于 110 mm。
- 在窗边放置床等物品，会增加跌落的风险。此时，应在地板高 +800 mm 处设置栏杆。
- 即使对高柜家具采取了防止倾倒的措施，也会有小物品滑落的危险。除非是在万不得已的情况下，否则，为了防止在睡觉时发生事故，或确保逃生路线，不可以在床的周边及儿童房的出入口设置家具。

2 电气设备的配置

- 儿童房不仅有就寝的功能，还有学习、娱乐等多种功能。房间整体应保持明亮，将吊灯安装在房间中央，效果比较好。
- 随着孩子的成长，家电产品也逐渐增多，可以考虑家具陈设的变更，将插座分散设置在房间的各边比较好。其他电气设备或感应报警装置的配置可以参见"10 主卧 4"。

预防从窗口跌落的措施

窗台高度与栏杆之间的关系

窗台高度为 650~800 mm
（地板高 +800 mm 处设置栏杆）

窗台高度为 300~650 mm
（窗台高度 +800 mm 处设置栏杆）

窗台高度 < 300 mm
（地板高 +1100 mm 处设置栏杆）

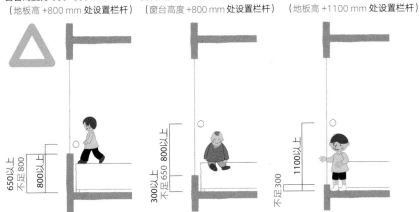

请按基准设置栏杆，当床与窗户相邻时，因攀爬导致跌落的风险较高。应针对各种情形，积极制订预防跌落的措施。

窗户与床的位置关系

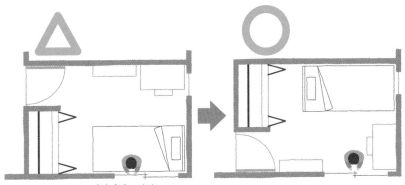

窗台高度 = 床高 +800 mm

将床放在窗边有跌落危险的实例。应设置栏杆、增加窗格。

床与窗户分开设置的实例。必须考虑门扇与收纳空间的位置。

专栏　防止"空巢化"

孩子离家后，仅剩下夫妻两人在家，这种现象被称为"空巢"。孩子独立后，很多家庭没有从物质层面充分利用这个朝南的条件最好的房间。

孩子从幼儿期迈向少年期（中学生），都是在父母的庇护下长大的；经过这个阶段，便会进入成年同居状态；不久，就进入社会建立自己的小家庭。对父母来说，后面的时间比抚育成长期更加漫长。如何在孩子独立后灵活使用住宅，过好自己的日常生活，成为一大课题。

经常看到这样的例子，父母为了减轻日常生活的负担，从住宅的第二层移到了第一层，不仅未使用子女的房间，连第二层的所有房间都没有使用。在这种情况下，有多种灵活使用方法：可以将子女的房间作为父母各自的房间（夫妇分房的房间、发展兴趣爱好的房间）；也可以考虑将 LDK、卧室等主要生活空间迁往阳光和通风都良好的第二层，将第一层租出去。

现在，所谓的"单身啃老族"不断增多，因此有可能出现子女房间不再空置的情形。由于年轻人的工作不稳定，父母的经济状况不好，今后"空巢化"这种情况究竟往哪个方向发展还不确定。

因此，在设计住宅时，不仅要考虑孩子成长期，而且要为将来做好打算，这都是很有必要的。

12

储藏室、步入式衣柜

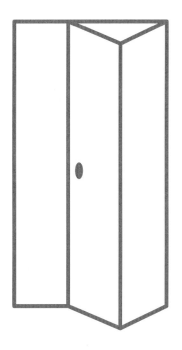

要点

在必要的场所确保必要的收纳空间

1 收纳空间的设计要点

- 一般来说，收纳（包括玄关收纳、厨房收纳、梳妆洗脸台的收纳等）需要占用的室内地面面积为 12 m^2 以上，约占室内地面面积的 10% 以上。如果收纳空间不够，到处充斥着物品，房间会显得很局促。请确保在必要的收纳场所，收纳空间拥有足够的面积。

2 功能与要素分类

- 可以将储藏室和步入式衣柜等大型收纳空间划分成公共收纳空间和个人收纳空间，在设计时应考虑使其各自发挥不同的作用。

收纳种类	必要空间	相关物品
大型收纳	储藏室、步入式衣柜、小房间、阁楼收纳	柜子、衣物、寝具、季节性家电、户外用品、洗涤用品、节日装饰用品
独立收纳	主卧、儿童房、和室等	衣物、寝具、坐垫及其他物品
公共收纳	玄关土间、起居室、餐厅、门厅等	参照其他项
箱柜收纳	玄关收纳、厨房、洗脸台、卫生间洗手池	

3 标准布局

- 不同的收纳物品需要不同尺寸的收纳空间。空间太大，容易浪费，而空间太小，会出现柜子打不开的问题。如果衣柜不仅可以收纳衣物，还可以收纳吸尘器，或者相连的阳台可以收纳洗涤用品，这样就很方便。如果放置物品的柜子都不放在房间里，就可以防止因地震引发的柜子倾倒事故。

收纳空间的标准布局

面宽 2.25 m（衣柜与挂衣杆）

设计照明时，应保证房间整体都
能被照亮。除了吸尘器专用插座
以外，还要安装其他家用电器插
座。

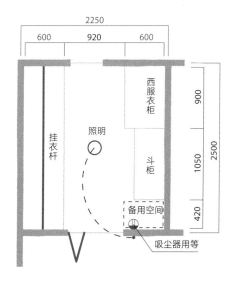

面宽 2.0 m（挂衣架与中间搁板）

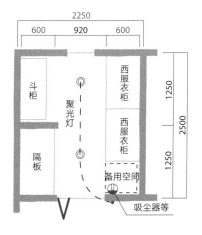

面宽 2.0 m（挂衣架）

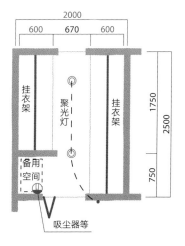

🏠1 方便打开抽屉的通道宽度为 1.0 m

必要空间

1 行走路线、操作宽度

- 在将物品放入柜子收纳时，需要在柜子前方预留打开门扇的空间。请确保西服衣柜（两开门）的前方空间为 850 mm 以上，抽屉式斗柜的前方空间有 1.0 m 以上。

- 如果两侧都设有挂衣杆，其间就必须空有 600 mm 以上的空间。如果是 700 mm 以上，抱着重物也可以很方便地通行。

2 柜子尺寸

- 柜子分为西服衣柜、斗柜、和式衣柜等，如果将其与家具套装并排放置，则需要 3 m 以上的收纳空间。一般沿着房间的进深方向，西服衣柜（带门扇）的进深为 600 mm，抽屉式斗柜的进深为 450 mm，也有的全部统一为 600 mm 的尺寸。一般宽度为 900 mm~1.2 m，高度为 1.8 m。经常使用的柜子可以放在卧室里面，与步入式衣柜设置在一起，也可以另放在收纳室里。

3 衣物、寝具收纳

- 挂衣柜的进深是：挂上衣需要 600 mm，挂裤子需要 450 mm。如果将挂裤子的挂衣杆向前方挪动，与挂上衣的挂衣杆错开，悬挂上衣会更方便。除了挂衣柜的收纳方式，还可以将折叠好的衣服与小物品放在柜子里收纳。

- 在榻榻米房间就寝时需要被褥，需要在室内预留放被褥的收纳空间。如果在床上就寝，被子、床单、毛毯等可以根据家庭需要进行收纳，效率较高。在收纳室里，应根据收纳物品的需要设置对应的搁板空间。

收纳空间的必要尺寸

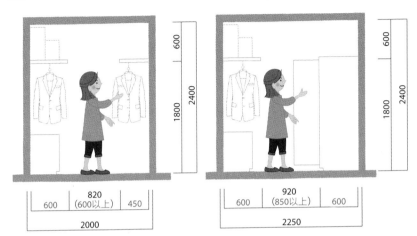

在布置挂衣柜与其他衣柜时，要确保行走通道与操作空间，以方便使用。另外，如果在挂衣柜的下方设置抽屉柜，平面空间与立体空间就被分隔开来，都能得到充分的利用，这非常重要。

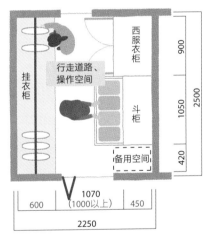

常见的各类柜子的尺寸

种类	进深 / mm	面宽 / mm	用途
西服衣柜	600	900	挂在挂衣杆上收纳
斗柜	450	1050	将衣服、内衣折叠收纳
和式衣柜	450	1060	收纳和服用

2 方便搬运的单侧通道宽度在 1.25 m 以上

与其他空间的连接、通风

1 与走廊、楼梯的连接方式

● 请确认搬运家具的行走路线。如果走廊比较窄，半侧通行的宽度需要 1.25 m，这样家具、轮椅都比较容易通过。如果采用可以拆卸的推拉门，就可以灵活利用房间的面宽。

2 屋顶内部空间的灵活使用（参见"11 儿童房 3-2"）

● 如果屋顶内部空间中高度在 1.4 m 以下的天花板部分的平面投影面积没有达到室内地面的 1/2，则不计入室内建筑面积，也不算作单独一层。但是，如果同时还有固定的楼梯，判断结果可能有所不同，具体情况请向当地管辖部门确认。

● 屋顶空间的收纳空间、走廊及门厅的收纳空间，都可以与天花板空间组合使用，利用梯子上下。为了上下方便，请确保在梯子的前方预留 1.0 m 的宽度，在梯子的上端前方预留 500 mm 以上的宽度。

● 屋顶阁楼的收纳空间也是利用同一空间的屋顶上方空间，可以将其作为收纳空间或玩耍空间。2.6 m 长的梯子需要高度在 3.2 m 以上的墙壁。请注意，如果天花板是倾斜的，应保证上下梯子没有障碍。

3 通风

● 建议设置利于通风的窗户。如果不能设置窗户，请设置换气扇。窗户一般设置在比柜子（1.8 m）还要高的位置，采用高位开窗方式，这样，如果平面布置有变化，使用起来也没有问题。如果采用平开窗，雨水就不容易进入，但是在构造上要保证方便开启，使用起来无障碍。

收纳空间采用推拉门，道路宽度为 1.25 m

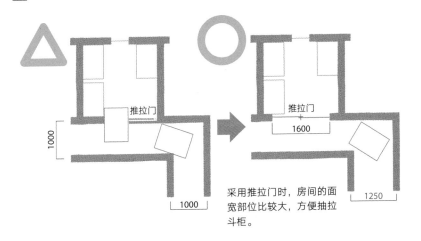

采用推拉门时，房间的面宽部位比较大，方便抽拉斗柜。

屋顶空间的灵活使用

用梯子进行屋顶空间收纳的实例

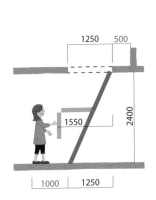

虽然主要用于收纳不频繁拿取的轻物品，但是仍然可以提供大容量的收纳空间。

屋顶阁楼收纳的实例

如果设置为儿童房，则空间闷热，不适合睡觉，但是可以用作收纳和玩耍空间。如果设有照明灯具与插座，用途会更加广泛。

专栏 "借用"收纳空间

新建住宅时，原本是对收纳空间做了充分考虑的，但不知不觉收纳空间就不够用了，房间里到处都是东西。随着生活方式的变化，收纳空间可能被活用为书房或学习小屋，物品摆放与收纳给人增添无尽的烦恼。

例如，如果基地内没地方停车，就可以外借停车场。同样，如果家庭内部没有足够的收纳空间，就可以考虑"借用"收纳空间（例如自理临时物品存放处等）。

寄存的物品，例如节日装饰用品，只是备用的，平时很少使用，但又不能扔掉。又如电风扇、取暖器等季节性家电。另外，有些物品体形较大，不方便收纳，例如雪橇、冲浪板等户外用品，以及冬天用的轮胎等。此外还有因自家的湿度、温度等而难以保管的物品，例如昂贵的服装、美术品等。即使有足够的收纳空间，也要从分散灾害风险的角度来使用空间。

在美国，被称为"自存仓"的自理临时物品存放处，约有 10% 的家庭在使用，但是这个在日本认可度还比较低。今后随着以首都圈为中心的地价升高，这种模式将会普及应用到一般家庭。

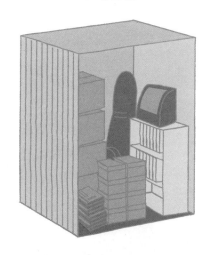

13

阳　台

要点

除晾衣以外，其他用途所需的宽度与进深

1 阳台空间的设计要点

- 近年来，考虑到面积与安全性，原本在庭院中进行的儿童娱乐、园艺和室外活动，如今都在阳台上进行，而且这种现象越来越普遍。姑且不论在阳台上能否确保活动面积，在隐私、安全和防止犯罪方面都必须认真考虑和规划。

2 功能与要素的分类

- 从晾衣到休闲，让我们探讨一下阳台的各种用途！

生活行为	相关物品
晾晒衣物	晒衣杆、晒衣五金件、晾晒用具、屋檐、鞋子
晾晒被褥	
玩乐、饲养	玩具、鞋子、宠物小屋、饵食、水龙头
园艺	盆栽、水龙头、软管、园艺工具及材料、灯饰、鞋子
休闲、就餐	桌子、椅子、照明、电源、鞋子
保管、清扫	垃圾箱、水龙头、污水盆、软管、电源、晾晒衣物及园艺工具
其他	空调室外机

3 标准布局

- 本书收录了将阳台活用为"晾衣处＋庭院"的变化样式。为了确保阳台的面积能够适应各类用途，请在分区规划时均衡考虑上下层的使用面积。

阳台的标准布局

如果房屋第二层是LDK，将餐厅前方用作晾晒衣物的空间，将起居室前方用作庭院空间，来客就很难看到晾晒的衣物，这样比较好。如果房屋第二层是卧室，请在主卧前面设置大阳台。在设置防盗灯、晾晒衣物的夜间照明时，请将灯具设置在从室内看去不眩晕的地方，以阳台地面以上2 m高的位置为基准。

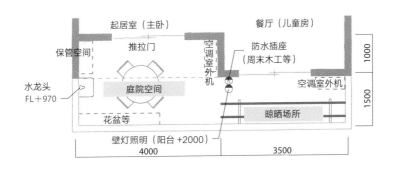

阳台的各种变化

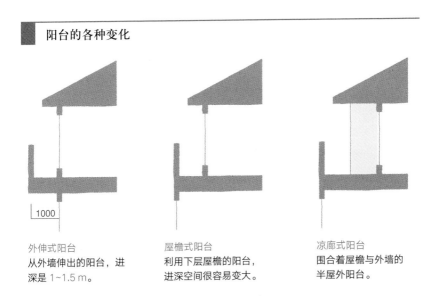

外伸式阳台
从外墙伸出的阳台，进深是1~1.5 m。

屋檐式阳台
利用下层屋檐的阳台，进深空间很容易变大。

凉廊式阳台
围合着屋檐与外墙的半屋外阳台。

🏠1 四口之家所需的晾衣竿长度是 7 m

在设计晾晒衣物的空间时，应该选择日照良好、做家务路线方便、临时放置洗涤物方便的场所。从保护隐私的角度考虑，应尽量避免只能从儿童房进出阳台的空间设计。如果阳台的出入口只能有一个，那么请选择从主卧或楼梯门厅进出。

1 洗涤衣物晾晒场所

- 四口之家的洗涤物包括毛巾、床单等，合计约 10 千克。如果将这些一次性晾晒，需要的竹竿长度约为 7 m（3.5 m×2）。因此，阳台需要能够放下 2 根竹竿，长度要在 3.5 m 以上。

- 如果将 2 根竹竿并排使用，操作空间为 600 mm，竹竿间距为 300 mm，与墙壁的间隔距离为 300 mm，这样算下来，阳台所需的进深为 1.5 m。如果进深为 1.0 m，那么就只能放下 1 根晾衣竿，阳台宽度需要在 7 m 以上。

- 如果在屋檐下晾晒衣物，屋檐需要外伸 800 mm 以上。如果采用凉廊式阳台，那么晾晒的衣物就不容易被淋湿。

- 固定的金属晾衣竿有外墙用型、窗下墙用型、屋檐内侧用型，可以分别设置 2 根以上的晾衣竿。与移动式晾衣台相比，不用担心被大风刮倒。

2 被褥晾晒场所

- 将 4 个人的被褥一起晾晒，需要 5 m 长的晾衣竿。如果采用被褥干燥机和专用的干洗设备，就不需要晾晒被褥，请确认是否需要晾晒场所。

3 其他

- 如果阳台上设置了园艺与玩耍空间，请注意不要弄脏洗涤物；如果能与晾晒衣物分区设置是最好的。同时，也有必要设置保存晾晒工具、安装空调室外机及水龙头的空间。如果第二层的室外水龙头没有洗脸台等供水设备，那么就可以将其用于尤为重要的室内清洁了。

阳台的必要空间尺寸

阳台宽度

如果进深为 1.5 m，宽度应为 3.5 m；如果进深为 1 m，宽度应为 7 m。事先设计好，晾晒衣物才方便。

晾衣竿

1500

3500

晾衣竿　　　晾衣竿

1000

7000

阳台的进深

设置 2 根晾衣竿的标准尺寸。

除了考虑方便晾衣操作外，还要考虑衣物不被淋湿和外观美观（不易看到洗涤物）。

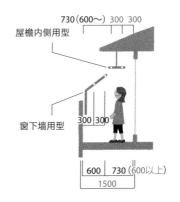

730(600～) 300 300
屋檐内侧用型

窗下墙用型

300 300

600 730(600以上)
1500

2 防止跌落、遮挡视线的栏杆的有效高度

考虑到安全性与隐私保护

1 阳台的栏杆与出入口地面的高差

为了防止跌落,栏杆的高度及阳台的高差应符合相关规定。

- 如果阳台的窗下墙体部分的高度未达到 1.1 m,为了防止跌落,应设置栏杆。栏杆的分格尺寸应小于 110 mm。

- 请将阳台出入口的高差设置在 180 mm 以内。如果高差过大,请设置台阶及辅助上下的扶手,以减轻日常负担。

2 遮挡外部视线的阳台与栏杆

- 因为设置了阳台,所以即便有落地窗,外面的行人也无法看到室内情况,便于保护隐私。

- 如果栏杆的高度比常用的高度高 1.5 m,就无法从邻居家窗户看到室内,可以确保让人安心的室内环境。这既将视线阻断在了阳台上,又开阔了视野。

3 第二层的窗户及阳台窗下墙的防范对策

- 虽然很难从第二层的窗户入侵室内,但是有些窗户被入侵的危险性还是很高的。例如,面向阳台的窗户、与挑出屋顶的水平距离在 0.9 m 以下的窗户、距离开口下端 2.0 m 以内的窗户,这些都是可以站在挑出的屋顶上攀爬侵入的类型。建议采用窗框或玻璃作为防范措施(参见第 72 页)。

- 与隐私保护对策相反,阳台的窗下墙体越高,形成的封闭空间越大,防范性能越差。在窗下墙体处采用从外部容易识别的玻璃等建筑材料比较有效。

栏杆与尺寸差异

第二层阳台的栏杆必须有防止
跌落的措施。

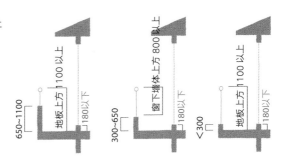

隐私保护与防范性能

如果设置了阳台，就不
用担心行人的视线。

如果窗下墙体高度比视
线高，会方便保护隐私，
但是防范性能就差了。

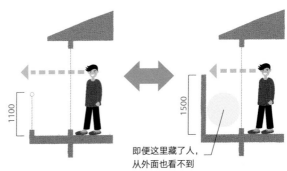

即便这里藏了人，
从外面也看不到

后　记

在面向设计师和业主的住宅建造研讨会上，开场白往往是"穿衣、吃饭、居住"方面的话题。穿衣、吃饭、居住，无论哪个方面都是维持生活所必需的，都不容忽视。

然而，"居住"与"穿衣""吃饭"是不同的，它有什么特点呢？

先说"穿衣"。随着季节的变化和用途的改变，人们需要换装。随着身体的生长发育，有些衣服就穿不进去了。被称为"流行服饰"的很多衣服，由于流行周期比较短，因而被大量廉价出售。现在，"一生之物"这个词可能变成废词。衣服有必要买新的，也可以选择大小与款式设计。

再说"吃饭"。一日三餐，人们每天几乎都在固定的时间吃饭。如果今天的饭店不合胃口，明天就会换一家。现在能提供快餐的饭店到处都是，既便宜、快捷，又规范。人们每天都在吃饭，也能够选择饭店与菜单。

如同穿衣一样，"居住"也要结合成长（家庭成员的变化）与流行（外观的发展趋势）的变化，但是却不能被简单地更换或重新建造。即使符合家庭成员变化的需要，简单地将房间进行大小改造可能是可行的，但是把和式住宅改为现代风格的住宅，恐怕就没那么简单了。"居住"相对于"吃饭"来说，消费周期没那么短，因此要考虑到一旦建造起来，可能就没有第二次建造的机会了。

　　住宅设计只能委托给建筑师，设计品质无法由业主负责，必须由设计师来负责，无法保证品质的方案就不应该提出来。那么，交给专业人士真的就万无一失了吗？

　　现在很多新建的住宅都是按照客户意向"自由设计"的。作为设计师，高度重视业主的意向的确非常重要，但是面对选衣服时都无法在镜子前评判优劣的客户，设计师拥有坚定地指导客户的能力也是很必要的。客户要用这个空间干什么？想干什么？如果能与业主共同思考，并结合空间大小与房间的联系，就可以打造出宜居的住宅。

　　本书涉及从住宅设计方法到自家住宅评价方法等多方面的实用内容。也可以将本书作为专家意见，按照书中的尺寸标准再次检查已确定的规划方案或正在进行中的计划方案。如果现在的设计方案对住宅空间的使用功能及客户建议考虑欠妥，请您再次与客户会面交流，重新开始规划设计吧！

　　人的一生也许只有一次建造住宅的机会。这次机会是拉开今后崭新生活的序幕。虽然无法像抗震与隔热那样呈现为数字，但是如果本书能为实现"住宅的便利性"提供一点帮助，我也深感荣幸！

译后记

在当今互联网与智慧建造的时代，随着社会经济的发展，技术设备的颠覆式创新及生活方式的代际改变，人们对住宅舒适度的要求越来越高。那么，如何实现住宅设计的便利生活呢？

咫尺玲珑空间，别有宜居天地。本书中的住宅即日本人生活的缩影，它要求简单方便、安全适用、智能环保，最大限度地满足人的各种需求。本书由玄关、楼梯、浴室、卫生间、主卧、儿童房、阳台等章节组成，以人本需求为出发点，以实现住宅空间的实用功能为重点，以空间规划与尺寸设置为具体措施，生动地再现了普通的日本住宅中日本特有的住宅文化。在各个章节中，住宅空间通过分隔、变换、组合实现了相关功能，同时在住宅构件与室内家具的搭配上体现了人性化、模块化与智能化的现代建造理念。

本书的1~8章由任国亮（"台湾中央大学"土木工程专业博士研究生）翻译，9~11章由丁鼎博士（中国文化大学，建筑与都市设计专业）翻译。其他章节由讲师俞鑫、姚文驰、沈程等共同完成翻译。任国亮自2003年12月在武汉大学攻读研究生期间通过国际日语一级考试（最高级）以来，辗转于学校、企业之间，在中、英、日三语互译方面不断磨砺，在国内外科技文献、商务交流及专著教材等方面坚持不懈，累计完成 5 部译著，8 本教材，获得市厅级奖项 5 项，另外涉及中英、中日设计图纸和商务合同等的翻译量总计逾 500 万字。

由于译者水平有限，译文的不妥之处，诚望有关专业人士予以指正，敬请广大读者提出宝贵意见。

任国亮 丁鼎 敬上

2018 年 10 月于台北

注：[基金项目] 江苏省 2015 年教育科学"十二五"规划职教重点自筹课题"两化融合背景下高职教师信息化教学能力培养研究——基于教师专业化发展视角"阶段性成果。主持人为任国亮、徐永红，课题编号为 B-b/2015/03/090。

[基金项目] 常州大学高等职业教育研究院 2016 年度课题"产城融合背景下常州高职园区专业结构调整与优化研究"部分研究成果。主持人为任国亮，课题编号为 CDGZ2016033。

[基金项目] 江苏省 2018 年大学生创业训练计划立项项目：低碳生态视角下城乡建筑产品的绿色建造技术创新研究。指导教师为任国亮、刘成龙。省级指导项目，编号为 201813102018X。

图书在版编目（CIP）数据

图解住宅尺寸与格局设计／日本建筑协会策划；（日）堀野和人，（日）黑田吏香著；任国亮，丁鼎译.
—武汉：华中科技大学出版社，2018.11（2021.6重印）

（悦生活）

ISBN 978-7-5680-4574-2

Ⅰ.①图… Ⅱ.①日…②堀…③黑…④任…⑤丁… Ⅲ.①住宅–建筑设计–图解 Ⅳ.①TU241-64

中国版本图书馆CIP数据核字（2018）第213928号

ZUKAI SUMAI NO SUNPO produced by The Architectural Association of Japan,

written by Kazuto Horino and Ricou Kuroda

Copyright © Kazuto Horino, Ricou Kuroda, and The Architectural Association of Japan, 2017

All rights reserved.

Original Japanese edition published by Gakugei Shuppansha, Kyoto.

This Simplified Chinese language edition published by arrangement with

Gakugei Shuppansha, Kyoto in care of Tuttle-Mori Agency, Inc., Tokyo

through Shinwon Agency Co. Beijing Representative Office.

本书中文版由日本株式会社学芸出版社授权华中科技大学出版社在中华人民共和国境内（但不含香港、澳门、台湾地区）独家出版、发行。

湖北省版权局著作权合同登记 图字：17-2018-103号

图解住宅尺寸与格局设计
Tujie Zhuzhai Chicun yü Geju Sheji

日本建筑协会 策划
［日］堀野和人 黑田吏香 著
任国亮 丁鼎 译

出版发行：华中科技大学出版社（中国·武汉）	电话：(027) 81321913
武汉市东湖新技术开发区华工科技园	邮编：430223

责任编辑：贺　晴	美术编辑：赵　娜
责任校对：赵　萌	责任监印：朱　玢

印　　刷：武汉精一佳印刷有限公司	
开　　本：880 mm×1230 mm 1/32	
印　　张：6.25	
字　　数：136千字	
版　　次：2021年6月 第1版 第4次印刷	
定　　价：58.00元	

投稿邮箱：heq@hustp.com
本书若有印装质量问题，请向出版社营销中心调换
全国免费服务热线：400-6679-118 竭诚为您服务
版权所有　侵权必究

华中出版